"十四五"职业教育国家规划教材

国家现代职业教育改革创新示范区建设成果
THE CONSTRUCTION ACHIEVEMENTS OF NATIONAL MODERN VOCATIONAL
EDUCATION REFORM AND INNOVATION DEMONSTRATION AREA
国家职业教育质量发展研究中心研发成果
THE R&D ACHIEVEMENTS OF NATIONAL VOCATIONAL EDUCATION QUALITY
DEVELOPMENT RESEARCH CENTER
工程实践创新项目（EPIP）教学模式规划教材
PLANNED TEXTBOOK OF THE TEACHING MODE OF ENGINEERING PRACTICE
INNOVATION PROJECT（EPIP）

机电一体化设备
安装与调试

Installation and Testing of Mechatronics Equipment

主　编　王兴东
副主编　董锦旗

中国铁道出版社有限公司
CHINA RAILWAY PUBLISHING HOUSE CO., LTD.

内 容 简 介

本书是以鲁班工坊SX-815Q机电一体化综合实训考核设备作为载体，基于项目教学，服务全国职业院校技能大赛，服务高等职业院校机电类专业职业能力培养的教材。

本书主要包括教学的指导思想和教学设计、机电一体化综合考核实训设备五个单元机械构件的组装与调整、PLC程序设计与调试、触摸屏组态、工业机器人使用、变频器应用、工业传感器应用等内容。本书主要特点是以全国职业院校技能大赛机电一体化指定的典型内容工作任务为载体，将总任务分解为若干任务进行循序渐进地讲述，力求达到提高学生学习兴趣和效率以及易学、易懂、易上手的目的。

本书适合作为高等职业院校工业机器人技术、机电一体化技术等专业的教材，也可作为相关工程人员研究机电一体化生产线的参考书。

图书在版编目（CIP）数据

机电一体化设备安装与调试/王兴东主编. —北京：
中国铁道出版社有限公司，2020.4（2025.1重印）
国家现代职业教育改革创新示范区建设成果　国家职业教育质量发展研究中心研发成果　工程实践创新项目
（EPIP）教学模式规划教材
ISBN 978-7-113-25234-2

Ⅰ．①机… Ⅱ．①王… Ⅲ．①机电一体化-设备安装
-高等职业教育-教材②机电一体化-设备-调试方法-
高等职业教育-教材 Ⅳ．①TH-39

中国版本图书馆CIP数据核字（2019）第257007号

书　　　名：**机电一体化设备安装与调试**
作　　　者：王兴东

策　　　划：何红艳　　　　　　　　　　　　编辑部电话：(010) 63560043
责任编辑：何红艳
封面设计：王亚静
责任校对：张玉华
责任印制：赵星辰

出版发行：中国铁道出版社有限公司（100054，北京市西城区右安门西街8号）
网　　　址：https://www.tdpress.com/51eds
印　　　刷：河北宝昌佳彩印刷有限公司
版　　　次：2020年4月第1版　2025年1月第5次印刷
开　　　本：787 mm×1 092 mm 1/16　印张：11　字数：260 千
书　　　号：ISBN 978-7-113-25234-2
定　　　价：48.00 元

作 者 简 介

王兴东

　　天津机电职业技术学院副院长，副教授。参与获得天津市教学成果等特等奖1项，教学成果一等奖1项，教学成果二等奖2项。国务院国资委"中央企业技术能手"，国务院国资委"中央企业青年岗位能手"，天津市劳动模范，全国职业院校技能大赛优秀工作者。主要从事机械设计制造及自动化方向工作，曾连续8年担任学生大赛指导教师，培养学生良好的文明行为和道德品质，教授学生精湛的技能。在鲁班工坊建设过程中组织专业交流的内容实施工作，组织中外双方师生进行专项培训、竞赛与交流活动，参加全国职业院校技能竞赛、参加国际交流赛等内容。组织首届世界职业院校技能大赛工业机器人、机电一体化和智能产线安装与调试三个赛项的承办与参赛工作。

董锦旗

　　天津机电职业技术学院电气学院机电一体化教研室教师、高级工程师。一线企业工作8年，具有丰富的机电一体化和电气传动类开发设计经验，主持开发产品10余项。获得专利授权5项，参与教材编写1本、发表论文数篇。2018年，指导学生在全国职业院校技能大赛高职组"机电一体化赛项"获得三等奖，在天津市职业院校技能大赛"机电一体化赛项"获得一等奖。

宋海强

　　天津机电职业技术学院教师。主要从事机电一体化技术、电气自动化技术、电梯技术等方面的教学与研究。参编教材1部，取得发明专利1项、实用新型专利2项，发表论文多篇，指导学生获全国职业院校技能大赛二等奖2人次，获天津市赛二、三等奖4人次。

薛利晨

  天津机电职业技术学院电气学院机电一体化教研室教师，中级工程师。硕士毕业于沈阳工业大学风能技术研究所。一线企业工作7年，具有丰富的电气传动类产品的开发、设计及项目管理经验，主持和参与产品开发多项，如风电场远程监控系统、风力发电机、风电变流器、高压工业电机和船用电机等；曾主持"分散式风力发电关键技术研究"项目，并顺利结题形成技术成果转化。获得专利授权5项，发表论文数篇。

周孚斌

  广东肇庆三向教学仪器制造股份有限公司研究院电气工程师。2000年至今，一直从事教学仪器开发、设计工作。对机电一体化、智能制造机器人等教学设备，有独到的见解和经验。在公司多次荣获"创新奖""优秀员工奖"等奖项。

王振兴

  天津机电职业技术学院教师，曾就职于多家企业和研究所从事电子类产品的技术研发和管理工作。2017年获得美国产品开发管理协会（PDMA）颁发的NPDP国际新产品开发专业认证，有丰富的产品开发实践经验。

党的二十大报告指出，"我们实行更加积极主动的开放战略，构建面向全球的高标准自由贸易区网络，加快推进自由贸易试验区、海南自由贸易港建设，共建'一带一路'成为深受欢迎的国际公共产品和国际合作平台。"为推动共建"一带一路"高质量发展，扩大与"一带一路"沿线国家的职业教育合作，贯彻落实天津市启动实施的将优秀职业教育成果输出国门与世界分享计划的要求，职业教育作为与制造业联系最为紧密的一种教育形式，正在发挥着举足轻重的作用。天津机电职业技术学院先后在印度金奈理工学院和葡萄牙赛图巴尔分别建立了"鲁班工坊"，为了配合赛图巴尔"鲁班工坊"的理论和实训教学，开展交流与合作，实现教育资源共享，提高中国职业教育的国际影响力，创新职业院校国际合作模式，输出我国职业教育优秀资源，编写了《机电一体化设备安装与调试》教材。同时，编写本教材也为了更好地服务"机电一体化项目"技能大赛，体现以赛促教，以赛促学，以赛促改的办赛宗旨。

2018 年 5 月，在天津市举办全国高职院校"机电一体化项目"技能大赛，来自全国各省市自治区的 68 个院校代表队以及印度、俄罗斯等"一带一路"沿线国家 8 个代表队同场竞技。这次竞赛采用 815Q 机电一体化综合实训考核设备，该设备依据国家相关职业工种培养及鉴定标准，结合中国当前制造业的岗位需求，接轨世界技能竞赛相关标准及规程开发设计而成。该设备以"工作站"形式综合体现机电一体化"工作单元"、电气装配台、机械装配台、电脑桌及其他附属工作设施，操作者在工作中不但培养训练了机电专业技能，同时也提高了职业素养中的社会能力与方法能力。系统由颗粒上料单元、加盖拧盖单元、检测分拣单元、六轴机器人单元、物料存储单元组成，包括了智能装配生产系统、自动包装系统、自动化立体仓库及智能物流系统、自动检测机质量控制系统、生产过程数据采集及控制系统等，是一个完整的智能工厂模拟装置，应用了工业机器人技术、PLC 控制技术、变频控制技术、伺服控制技术、工业传感器技术、电机驱动技术等工业自动化相关技术，可实现空瓶上料、颗粒物料上料、物料分拣、颗粒填装、加盖、拧盖、物料检测、瓶盖检测、成品分拣、机器人抓取入盒、盒盖包装、贴标、入库等智能生产全过程。

本书结合 815Q 机电一体化综合实训考核设备的特点，通过项目教学的方式，以任务为导向，内容新颖，循序渐进，力求深入浅出，将知识与技能有机结合，注重培养学生的工程应用能力和解决现场实际问题的能力，满足高职人才培养的要求。本书按照 815Q 机电一体化综合实训考核设备的特点，将整个课程分为以下项目：项目 0 EPIP 教学模式；项目一 颗粒上料单元；项目二 加盖拧盖单元；项目三 检测分拣单元；项目四 六轴机器人单元；项目五 物料存储单元。项目 0 主要介绍 EPIP 教学模式；后面五个项目综合介绍了 815Q 各个单元涉及的关键知识点，如机构装配工艺、PLC 程序设计、机器人编程、变频器使用、触摸屏组态、工业传感器应用等关键技术的综合讲解。

本书由天津机电职业技术学院王兴东任主编，董锦旗任副主编。本书具体编写分工如下：吕景泉教授负责编写项目 0；宋海强和王兴东负责编写项目一；董锦旗和王兴东共同负责编写项目二、项目三和项目四；薛利晨和王振兴负责编写项目五。周孚斌对于全书的编写提供了各种资料和指导，并和董锦旗、王振兴共同编写了附录 A 和附录 B 以及编制了程序流程图和程序清单。全书由王兴东系统指导并与董锦旗共同统稿。在本书的编写过程中，得到了中国铁道出版社有限公司、肇庆三向教学仪器制造股份有限公司等单位的大力支持，得到了天津机电职业技术学院袁海亮、姜颖、王玲等诸多老师的帮助，在此表示衷心感谢！

限于编者的经验、水平以及时间限制，书中难免在内容和文字上存在不足和缺陷，敬请批评指正。

编 者

2022 年 11 月

CONTENTS 目 录

机电一体化设备安装与调试

II

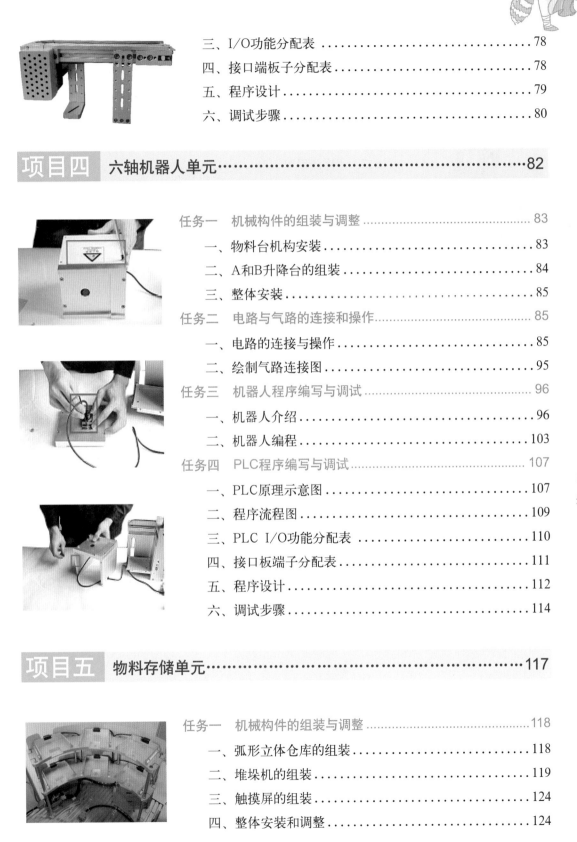

目
录

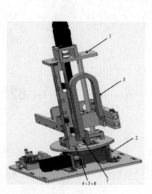

EPIP教学模式

所谓教学模式，即在一定教学思想或教学理论指导下，建立起来的较为稳定的教学活动结构框架和活动程序。

国家级教学名师吕景泉教授带领国家级机电专业群教学团队，以 24 年的教学实践和理论研究为基础，广泛汲取中国近现代教育思想，借鉴国际先进教育教学理念，创立了工程实践创新项目（Engineering Practice Innovation Project，简称 EPIP）教学模式。EPIP 教学模式是结合技术技能型人才培养实际创立的一种教学模式。

2014 年，吕景泉教授主持的以工程实践创新项目（EPIP）教学模式为重要内容的成果荣获中国职业教育领域的首个国家级教学成果特等奖。

一、EPIP的内涵

EPIP 是工程（Engineering）、实践（Practice）、创新（Innovation）、项目（Project） 四个英文单词首字母的缩写。EPIP 教学模式就是以实际工程为对象，以工程实践为导向，以能力培养为目标，以工程项目为统领的技术技能型人才培养新途径；具体教学过程是指从实际工程介绍开始，到在工程背景下开展实践活动，再到工程实践基础上不断创新的项目式教学模式。

它基于广泛的工程背景，由浅入深、由感性到理性，让教学者和学习者了解、体验工程实践创新的教与学，通过丰富学习者的工程实践知识、经验，提升技术应用能力和实践创新能力，拓展学习者的专业视野，使其内化并形成良好的职业素养。

二、EPIP教学模式的课程论

1. 工程实践创新项目（EPIP）的"工程化"

工程实践创新项目（EPIP）中的"工程化"，泛指教育要使学生学会"解决真实情境中的问题"，其目标是使学生在真实世界、现实生活能得心应手地工作、生活、学习。而真实情境又不可能是无人之境，必须要和他人一起合作，需要工程化的职业素养。

为真实而教，在真实中教。

真实性的教育，就是工程化，借真实工程教，依真实工程学，用真实工程考。

"工程"是指真实世界、现实生活。

它是一个由真实情境、真实问题、真实需求构成的世界。

课程中所含的知识、技术（技能）、素养都要以工程为基础，源自工程，瞄准工程，服务工程。

课程实施主题的确定、项目的设计、内容的选择都要因地制宜地从真实世界中去寻找，其整体就是真实世界、现实生活。

2. 工程实践创新项目（EPIP）的"实践性"

实践出真知。

课程设计与实施的整体过程应该是理实一体的，是动脑动手结合的，是技术技能训练贯穿的，是为专业核心技术的综合应用、专业核心技能的全面达标、职业道德素养的内化形成服务的。

在工程背景下，实施工程实践导向、真实任务驱动式教学，其教学使用的实践载体和情景应该是真实现场、高度仿真、虚实结合、软硬结合、校内外结合的，实践过程要求知技协进、德技并修。

3. 工程实践创新项目（EPIP）的"创新型"

创新需要深厚的实践积累。

创新既是一个过程，也是一个结果。

在课程实施的微观层面，要"学而知其用，用而知其所，所而知其在"，"在"是它的所处所在和应用的具化。学而知其用，无论是学习知识、练就技能、掌握技术还是熏陶素养，都要以真实应用领域、真实世界为背景，要知道学的东西如何用，用在哪，在真实世界中具体真实存在的形态、位置、作用。

创新型，还要实现"在而知其代，代而知其原，原而知其衍"，"衍"是它的繁衍和转化。

教学过程中，很多情况是在高度仿真、虚拟情境的环境下具体地学习，它是一个代替真实世界的情境、抽取要素的载体，是一种代替；但是，教师应该让学生始终知道这个情境营造的是什么，这个载体代替的是什么，而且，要不停地、不断地"回象"到现实、"回象"到真实、"回象"到生活；并且，利用这个非真实的情境、高仿真的载体，去探索、去尝试高于真实的更丰富的工程实践空间，去体会"创新"的乐趣。

4．工程实践创新项目（EPIP）的"项目式"

每门课程、每项活动、每个环节力求体现完整，教师指导学生（团队）不停地在做一件一件完整的事情。

三、EPIP教学模式的专业论

一个专业之所以成为专业，是因为这个专业有着与其他专业不同的固有属性。

专业的固有属性是什么？

职业院校面对众多企业针对毕业生进行招聘时，各种职业需求和岗位要求，其核心是学生在校的专业学习主要学到了什么专业技术、掌握了什么主要专业技能。

专业的属性是专业的"核心技术和技能"。顶岗实习质量高低、就业对口率水平高低，其实就是顶岗和就业岗位对应专业核心技术的符合程度高低。

工程实践创新项目（EPIP）教学模式下的专业采用"核心技术一体化"建设模式。通过课程设置、教学环境、顶岗实习、职业资格与专业核心技术"四个一体化"进行专业建设。

专业建设有了专业核心技术技能这样一个抓手，许多问题也就迎刃而解了。一个专业应该开设什么样的课程，课程开到多深，知识、技术技能和素养如何进行综合训练都有了依据。

在人才培养方案的设计中，依据区域经济和产业、行业、企业需求，针对人才市场和相关职业岗位（群）要求，以校企共同确定的专业核心技术技能为主线，搭建专业教学平台，每个专业明确若干个核心技术或技能，根据核心技术技能整体规划专业课程体系，明确每门课程的核心知识点和技能点（核心知技点），形成基于工程实践导向的教学情境（模块），实施理论与实验、实训、实习、顶岗锻炼、就业相一致，以课堂与实验（实训）室、实习车间、生产车间四点为交叉网络的一体化教学方式，强调专业理论与实践教学的相互平行、融合交叉，纵向上前后衔接、横向上相互沟通，使整体教学过程围绕核心技术技能展开，强化课程体系和教学内容为核心技术技能服务，使该类专业的毕业生能真正掌握就业本领，培养"短过渡期"或"无过渡期"技术技能人才。

四、EPIP教学模式的教育论

教学模式包含着一定的教学思想以及在此教学思想指导下的课程设计、教学原则、师生活动结构、方式、手段等。

EPIP 教学模式体现了产教融合、工学结合、校企合作、知行合一的教育思想，体现了学以致用、学用结合的教育理念。

构建 EPIP 教学模式，不颠覆现有，而是激活现有。激活现有人才培养要素，让现有的教学团队、教学设施、教学方案、教学管理、教学环境更加符合"产教融合、校企合作"；让教师真教真做，学生真学真练，让整个学校因为"真实"和"完整"焕发新的活力。

EPIP 的真逻辑，是学生完整地学，教师完整地教，让教学完整；是让产教融合政策、校企合作理念真正落地，让技术技能型人才培养过程和评价过程完整、科学，让学生成为一个技能全面的人，真实的人。

机电一体化设备安装与调试

颗粒上料单元

本项目依托的是 SX-815Q 机电一体化综合实训考核设备，该设备包括了颗粒上料单元、加盖拧盖单元、检测分拣单元、六轴机器人单元、物料存储单元，是一个完整的智能工厂模拟装置，可实现空瓶上料、颗粒物料上料、物料分拣、颗粒填装、加盖、拧盖、物料检测、瓶盖检测、成品分拣、机器人抓取入盒、盒盖包装、贴标、入库等智能生产全过程。其中，第一个工序是上料，在学习上料单元各个部件结构和原理的基础上，对上料单元的机械部件进行组装，对上料单元电路和气路进行连接并且编写程序进行调试，从而实现上料单元的工作流程。

SX-815Q 机电一体化综合实训考核设备中的颗粒上料单元如图 1-0-1 所示，在学习上料单元各个部件结构和原理的基础上，对上料单元的机械部件进行组装，对上料单元电路和气路进行连接并且编写程序进行调试，从而实现颗粒上料单元的工作流程。具体工作流程是：操作人员将空物料瓶放到上料传送带上，上料传送带逐个将空瓶输送到主传送带；同时循环选料装置将料筒内的物料推出，根据颜色对颗粒物料进行分拣（颜色可自定）；当空瓶到达填装位后，顶瓶装置（气缸）将空瓶固定，主传送带停止；物料填充装置将分拣到位的颗粒物料放置到空瓶内；瓶内物料到达设定的颗粒数量后，顶瓶装置松开，主传送带启动，将瓶子输送到下一个工位。

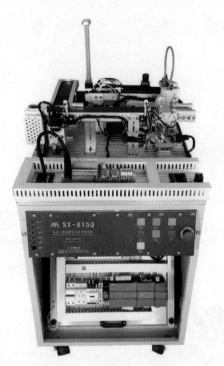

图 1-0-1　颗粒上料单元整体图

项目描述

　　颗粒上料单元主要任务是为物料瓶填装物料，需要在了解相关理论知识的基础上，自行安装传送装置、循环选料装置和物料填充装置，进而将其组装到一起组成上料单元的机械部分。根据电路原理图和气路原理图对设备的电路和气路按照工艺要求进行连接和组装。根据设备运行的要求，编写 PLC 程序，设置变频器参数并且进行调试，使其能够正常运行。

项目目标

　　① 掌握颗粒上料单元机械部分的能力；
　　② 掌握颗粒上料单元电路连接和气路连接的能力；
　　③ 掌握 G120 变频器的基本应用；
　　④ 掌握 S7-1200 可编程控制器的基本用法；
　　⑤ 掌握光电传感器和气动元件应用和调试能力；
　　⑥ 具备上料单元程序编写和调试的能力。

▶ 任务一　机械构件的组装与调整

一、传送装置的组装

　　在上料单元中，传送装置主要有传送带和循环选料装置：传送带主要负责输送物料瓶；循环选料装置负责甄选符合生产要求的物料并将其传送到指定位置。传送装置的紧固零件多采用的是内六角螺栓，因此在组装传送装置时应准备内六角扳手。下面介绍传送装置的组装步骤及

相关要求，在介绍传送带时，以上料单元中的上料传送带为例，主传送带可参照上料传送带组装步骤组装。

1. 传送带结构和各部分零件

传送带主要由直流电动机、传送带、轴承和各个配件等组成（见图1-1-1和图1-1-2），工作时，直流电动机提供动力，带动主动轮转动，从而拖动传送带转动去输送物料瓶。在安装时要求正确选择工具、安装步骤正确，不要返工、安装牢靠紧密，符合国家规定的安装操作规定。传送带具体安装步骤见表1-1-1。

图1-1-1　传送带整体结构

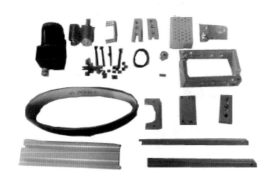

图1-1-2　传送带各部分零件

表1-1-1　传送带具体安装步骤

步　骤	图　片	说　明
1. 安装支架		支架是安装传送带的机械基础，要安装紧固
2. 安装传送带		安装从动轮
		安装主动轮，主动轮的一段预留与直流电动机连接

步 骤	图 片	说 明
2. 安装传送带		将传送带套到从动轮和主动轮上
3. 安装挡块和配件		安装直流电动机底座
		拧紧从动轮端的螺钉，绷紧传送带
		安装连接配件
		安装挡块 1
		安装长挡块
		安装挡块 2

步　骤	图　　　片	说　明
		在直流电动机上穿好螺钉
4. 安装直流电动机		将直流电动机安装到底座上，安装时螺钉暂不拧紧
		将定位销插入带轮中相应位置
		将带轮安装到主动轮的轴上，拧紧螺钉
		将传送带套在两个带轮上
		将直流电动机的紧固螺钉拧紧
5. 安装防护罩		

2. 循环选料装置结构和各部分零件

循环选料装置主要由三相异步电动机、轴承、两条传送带和各个配件等组成（见图1-1-3和图1-1-4）。在工作时，首先推料机构将物料推到传送带上，同时，三相异步电动机在变频器的控制下实现正反转运行，当三相异步电动机正转时，两条传送带配合按顺时针转动，当检测到合格的物料时，三相异步电动机反转，两条传送带配合按逆时针转动，将合格物料输送到位。在安装时要求正确选择工具、安装步骤正确，不要返工、安装牢靠紧密，符合国家规定的安装操作规定。循环选料装置具体安装步骤见表1-1-2。

图1-1-3 循环选料装置整体结构

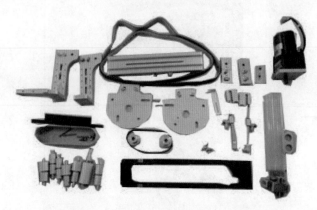

图1-1-4 循环选料装置各部分零件

表 1-1-2　循环选料装置具体安装步骤

步　骤	图　片	说　明
1．在横梁上安装立板、侧板		在横梁一端安装立板
		安装侧板
2．安装辊筒固定板 1		安装辊筒固定板 1
3．安装轴承和主、从动轮组		安装轴承和从动轮组
		安装主动轮
4．安装传送带		安装传送带 1
		安装传送带 2
		安装辊筒固定板

步　骤	图　片	说　明
5. 安装侧板		安装侧板并固定
6. 安装立板组件		安装立板组件并固定
7. 安装三相异步电动机		安装三相异步电动机组件
8. 安装同步轮及同步带		安装同步轮及同步带
9. 安装光纤传感器组件与料筒供料模块		将光纤传感器支架安装于选料装置物料到位的一端
10. 安装推料气缸		安装两个笔形推料气缸
11. 安装中挡板		安装中挡板，在侧方通过螺钉紧固

步　骤	图　片	说　明
12. 安装三相异步电动机罩		三相异步电动机罩的安装
13. 安装电气组件		安装光纤放大器、15针接板组件

二、物料填充装置的组装

物料填充装置主要由一个摆动气缸、一个双作用单出双杆气缸(以下简称双杆气缸)、吸盘和各个配件等组成(见图 1-1-5 和图 1-1-6)。在工作时,当合格物料和空物料瓶都到位后,摆动气缸将吸盘转到物料上方,双杆气缸缩回使吸盘落到物料上,然后吸盘吸起物料,双杆气缸伸出,摆动气缸将物料运送到空瓶上方,双杆气缸缩回,吸盘吐气,将物料放到物料瓶中。在安装时要求正确选择工具、安装步骤正确,不要返工、安装牢靠紧密,符合国家规定的安装操作规定。物料填充装置具体安装步骤见表 1-1-3。

图 1-1-5　物料填充装置整体结构

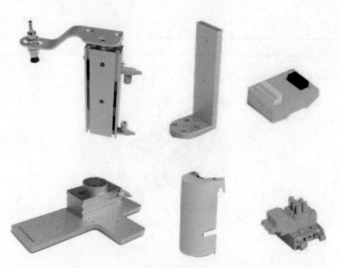

图 1-1-6 物料填充装置各部分零件

表 1-1-3 物料填充装置具体安装步骤

步 骤	图 片	说 明
1. 安装摆动气缸		将气缸底座安装到双联气缸座上
2. 安装升降气缸		将升降气缸安装到摆动气缸上（注意安装方向）
3. 安装防护罩、电气组件		将电磁阀组安装到底板上，最后安装防护罩

三、整体安装和调整

将组装好的传送装置和物料填充装置按照合适的位置安装到型材板上，以组成颗粒上料单元的机械结构，如图 1-1-7 所示。

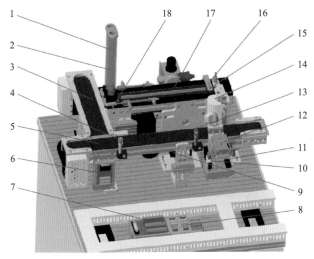

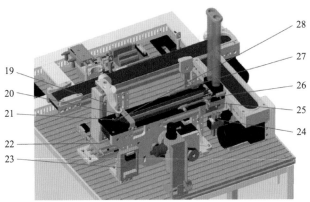

图 1-1-7 颗粒上料单元机械结构整体图

1—供料机构A料筒；2—供料机构B料筒；3—上料传送带；4—上料检测传感器；5—主传送带；6—传送带模块端子板；7—37针端子板；8—直流电动机控制板；9—填装机构电磁阀；10—填装定位气缸电磁阀；11—填装颗粒模块端子板；12—填装定位气缸；13—颗粒填装位检测传感器；14—填装机构；15—颜色确认A检测传感器；16—颜色确认B检测传感器；17—循环传送带机构；18—料筒B物料检测传感器；19—填装升降气缸；20—吸盘；21—颗粒到位检测传感器；22—填装旋转气缸；23—循环选料端子板；24—推料气缸电磁阀；25—推料气缸A；26—颜色确认A检测传感器；27—推料气缸B；28—物料吸取位置

▶ 任务二 电路与气路的连接和操作

一、知识准备

1. 可编程序控制器安装方法及外部构造

可编程序控制器（Programmable Logic Controller），英文缩写为PLC，目前市场上PLC的种类繁多，但其基本结构大致相同，本任务选用的PLC为西门子S7-1200，下面以此为例介绍可编程序控制器的安装方法和外部构造。

（1）安装方法

所有的SIMATIC S7-1200硬件都有内置的卡扣，可简单方便地安装在标准的35 mm

DIN 导轨上。这些内置的卡扣也可以卡入到已扩展的位置，当需要安装面板时，可提供安装孔。SIMATIC S7-1200 硬件可以安装在水平或竖直的位置。这些集成的功能在安装过程中为用户提供了最大的灵活性，并使 SIMATIC S7-1200 为各种应用提供了实用的解决方案。

（2）外部构造

CPU 将微处理器、集成电源、输入和输出电路、内置 PROFINET、高速运动控制 I/O 以及板载模拟量输入组合到一个设计紧凑的外壳中，形成功能强大的控制器。CPU 提供一个 PROFINET 端口用于通过 PROFINET 网络通信。图 1-2-1 所示为 SIMATIC S7-1200 的外部构造图。

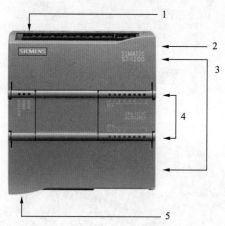

图 1-2-1　SIMATIC S7-1200 的外部构造图

1—电源接口；2—存储卡插槽；3—可拆卸用户接线连接器；4—板载 I/O 的状态 LED；5—PROFINET 连接器

2. 变频器的结构

本任务选用的是 SINAMICS G120 变频器，下面以此为例，介绍通用变频器的外部构造和接线端子功能。G120 变频器是一种包含各种功能单元的模块化变频器系统。基本上包括控制单元（CU）和电源模块（PM）。CU 在多种可以选择的操作模式下对 PM 和连接的电动机进行控制和监视。通过控制单元，可与本地控制器以及监视设备进行通信。带有旋钮和按键的部分称为 BOP 操作面板，可用于变频器的参数设置和运行监控，里面有主电路和控制电路的接线端子。G120 变频器的安装步骤如图 1-2-2 所示。

图 1-2-2　G120 变频器的安装步骤

二、电路连接

1. 电路原理图

电路图是安装电路部分的依据。一般电路图包含的电器元件和电气设备的图形符号较多，各部分实现的电路功能也不同，因此，电路图按照电路功能将图分成若干单元，并用文字将其功能标注在电路图上部（或下部）的栏内。电路图按功能分为"物料瓶上料检测""颗粒填装位检测"等。颗粒上料单元电气接线图如图 1-2-3 ~图 1-2-8 所示。

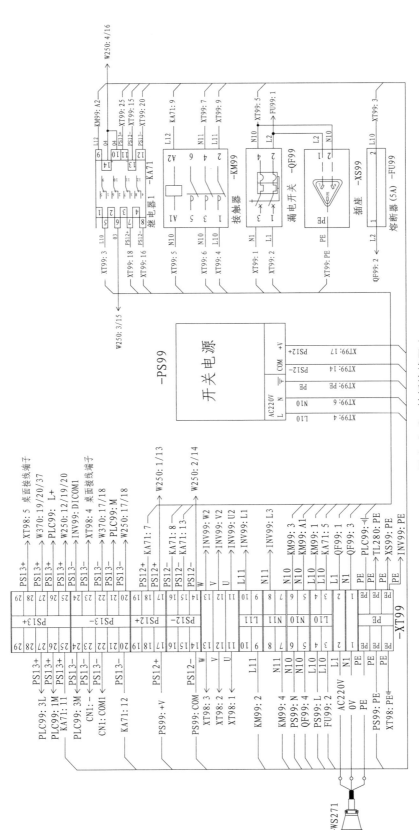

图 1-2-3 挂板接线图 1

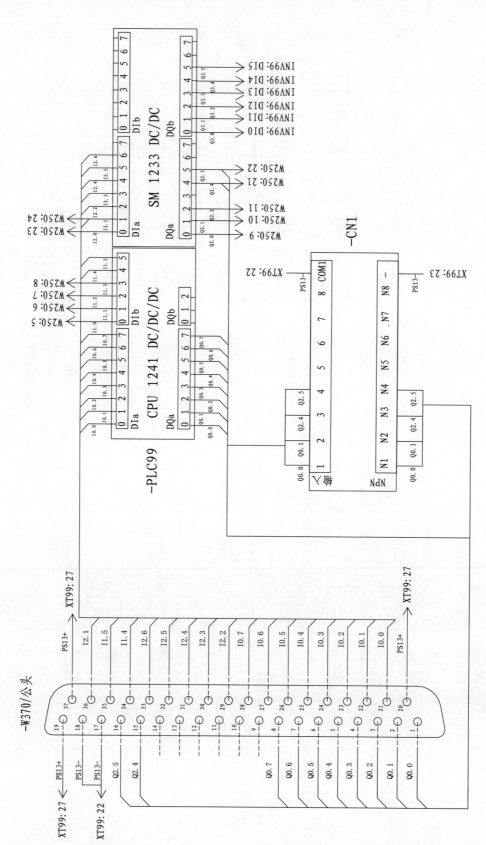

图 1-2-4 挂板接线图 2

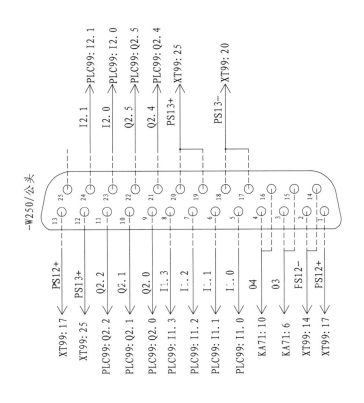

图 1-2-5 挂板接线图 3

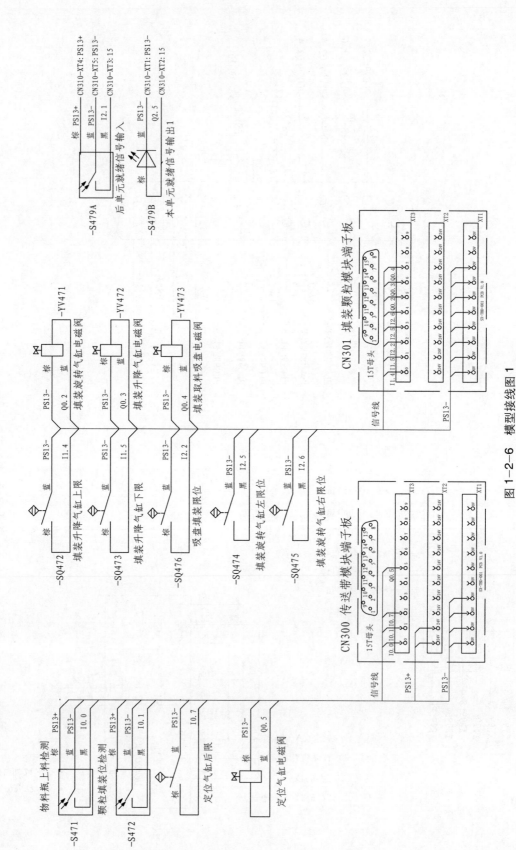

图 1-2-6 模型接线图 1

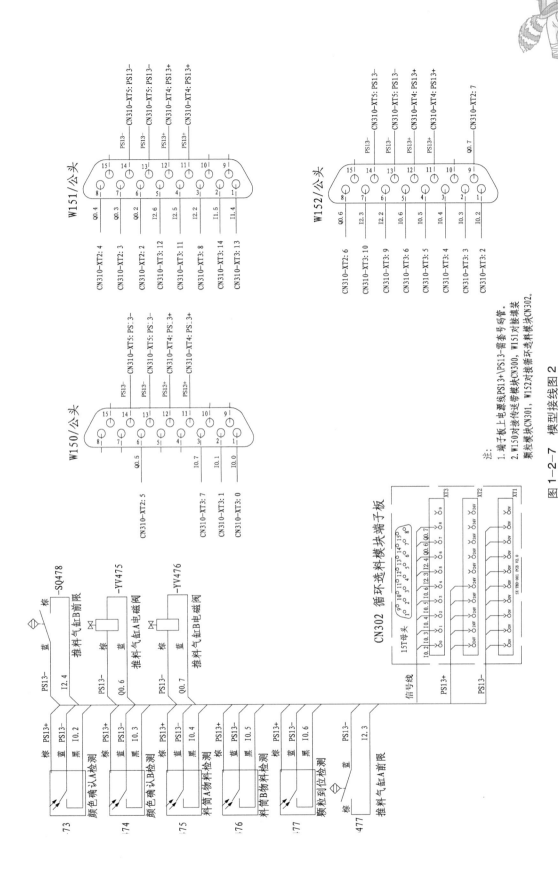

图 1-2-7 模型接线图 2

注:
1. 端子板上电源线 PS13+\PS13- 需套号码管。
2. W150 对接传送带模块 CN300，W151 对接循环选料模块 CN301，W152 对接循环选料模块 CN302。

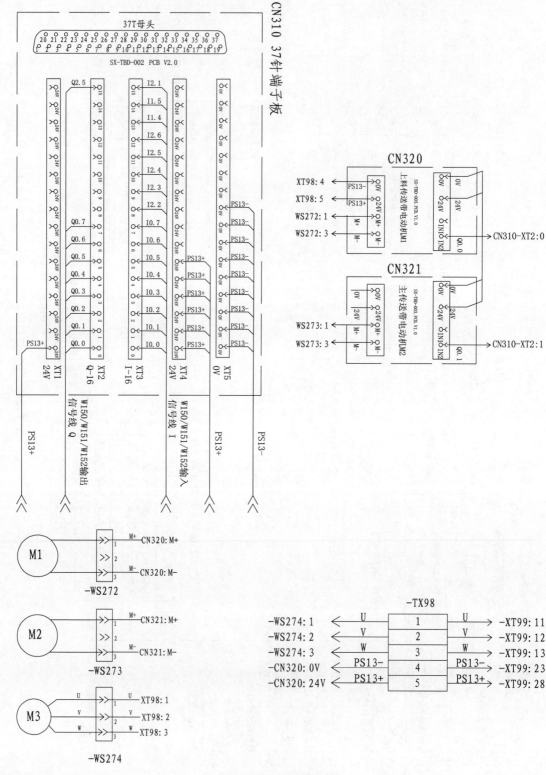

图 1-2-8 模型接线图 3

直流电动机控制板实物图和原理图分别如图 A-15 和图 A-16 所示。

2. 安装实施

（1）固定电气元件

实施电路接线之前，应该先固定各个电气元件，电气元件布局要合理，固定要牢固，配电控制盘上的各电气元件安装布局如图 1-2-9 所示，配电控制盘用槽板分为三个部分，下部左侧主要是漏电保护器和熔断器，右侧是 PLC；中部主要是 24 V 直流电源和接线板；上部是变频器和接线端子。

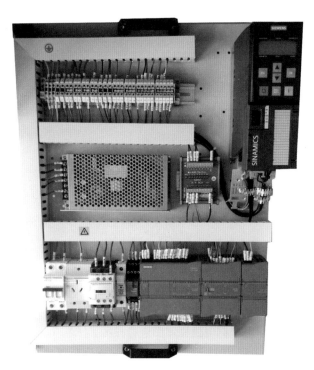

图 1-2-9　配电控制盘上的各电气元件安装布局

电气元件安装说明见表 1-2-1。

表 1-2-1　电气元件安装说明

序　号	元件名称	元件图片	安装说明
1	漏电保护器		整个单元的总开关，采取 DIN 槽固定方式
2	熔断器		采取 DIN 槽固定方式

序　号	元件名称	元件图片	安装说明
3	PLC		采取 DIN 槽固定方式
4	接线端子		采取 DIN 槽固定方式，等电位的端子采用短接片短接
5	变频器		底部螺钉固定安装
6	24 V 直流电源		采用螺钉固定方式

（2）电路连接

电气元件固定牢固后，即可根据电路原理图进行接线。上料单元中，自动化控制的核心元件是 PLC，上料单元的控制电路以 PLC 为界大体可以分为两部分：一部分是 PLC 输入端部分，另一部分是 PLC 的输出端部分。PLC 的输入端应接按钮开关、磁性开关和传感器等，这一部分的电气元件连接方法和工艺要求参照项目二中的任务二介绍；PLC 的输出端应接继电器、电磁阀、变频器，从而控制直流电动机、气路通断或换向、三相交流电动机等，下面主要介绍 PLC 输出信号端各电气元件的连接方法和工艺要求。注意，导线连接之前要在导线上穿上相应的线号，以便于维修。另外，导线在配电盘和型材板上通过线槽走线。

① 直流电动机的连接。上料单元分别在上料传送带和主传送带上用直流电动机，PLC 通过直流电动机控制板控制上料传送带的直流电动机启停、上料传送带的直流电动机启停。PLC 和上料传送带的直流电动机等接线参照接线图完成。

② 电磁阀的连接。上料单元中用到 6 个电磁阀，分别是填装定位气缸电磁阀、旋转气缸电磁阀、物料填充装置升降气缸电磁阀（填装机构升降气缸电磁阀）、取料吸盘电磁阀、推料气缸 A 电磁阀、推料气缸 B 电磁阀。

③ 三相异步电动机的连接。上料单元的循环选料装置中用到一个三相异步电动机，PLC 通过变频器控制三相异步电动机的启停和转速。

a．变频器的 L1、L2、L3 端接入三相交流电；

b. 变频器的 U、V、W 端接到三相异步电动机；

c. PLC 的 Q3.0、Q3.1、Q3.2 、Q3.3 、Q3.4、Q3.5 分别接到变频器的相应控制端。

三、气路连接

颗粒上料单元气路原理图如图 1-2-10 所示。上料单元气路部分共用到 6 个电磁阀，分别安装在各组件板上，在 PLC 的控制下控制各种气缸。打开气源，利用小一字螺丝刀对气动电磁阀的测试旋钮进行操作，按下测试旋钮，气缸伸出即为气路连接正确。气路需要用马蹄形扎带固定座固定到型材板桌面上，绑扎不要过紧。

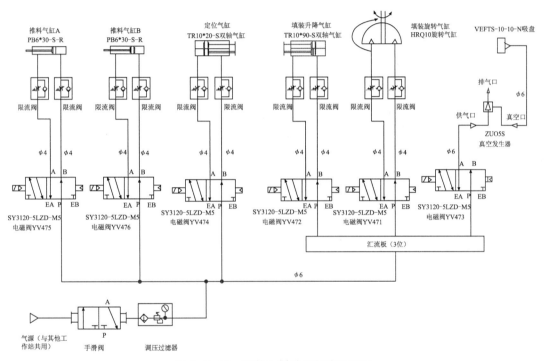

图 1-2-10　颗粒上料单元气路原理图

▶ 任务三　程序编写与调试

一、知识准备

根据上料单元的任务要求，依据 I/O 分配表编写程序，任务要求如下：

操作人员将空物料瓶放到上料传送带上，上料传送带逐个将空瓶输送到主传送带；同时循环选料装置将料筒内的物料推出，根据颜色对颗粒物料进行分拣（颜色可自定）；当空物料瓶到达填装位后，物料瓶定位气缸将空瓶固定，主传送带停止；物料填充装置将分拣到位的颗粒物料放置到空物料瓶内；瓶内物料到达设定的颗粒数量后，物料瓶定位气缸松开，主传送带启动，将瓶子输送到下一个工位。

此单元可以通过设定物料颜色（2 种）、颗粒数量（最多 4 粒）进行不同的组合，最多可产生 8 种填装方式。

1. 编程软件的使用方法

本项目 PLC 所使用的编程软件是 TIA Portal V15，双击进入 Step7 V15 的启动界面。单击创建新项目，在红框内修改"Project name（项目名称）"和项目的存放"Path（路径）"，然后单击"Create（创建）"按钮，如图 1-3-1 所示。

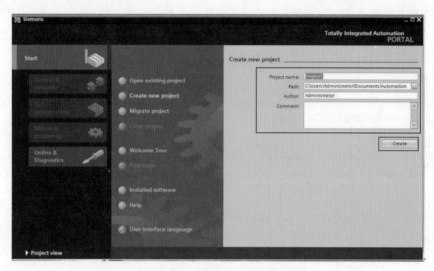

图 1-3-1 创建新项目

选择"PLC 编程"，然后添加新设备，即可添加项目所需要的 CPU。在"Add new device（添加新设备）"界面选择选定的 CPU，这里以"SIMATIC S7-1200"型号"CPU1214C DC/DC/DC"订货号"6ES7 214-1AG40-0XB0"为例，选择好型号后单击"OK（确定）"按钮，如图 1-3-2 所示。

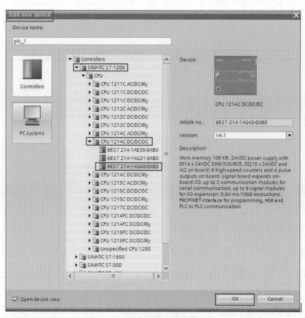

图 1-3-2 添加 CPU

进入就可以对程序进行编写及组态等，如图 1-3-3 所示。

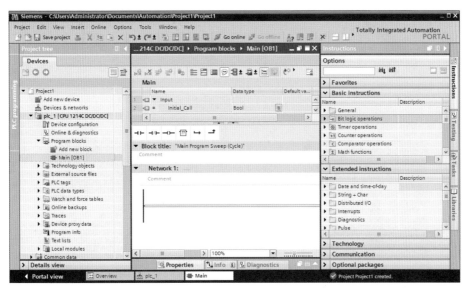

图 1-3-3　程序编写界面

进入项目界面后，单击选中左侧"Device configuration（设备组态）"，继续添加，PLC 所需的特殊模块。单击 PLC 左右两侧的组态框，添加 PLC 特殊模块。在右边硬件目录栏中，可以选择需要添加的模块及其型号，如图 1-3-4 所示。

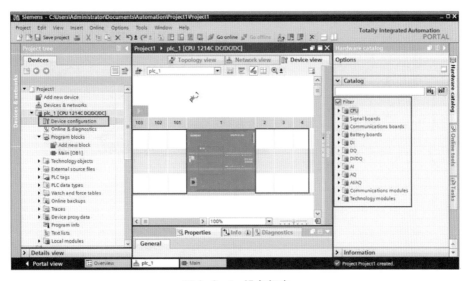

图 1-3-4　设备组态

组态添加完成后，如图 1-3-5 所示。启动 PLC，并用以太网线将 PLC 与计算机连接。

计算机 IP 地址的设置以实现在线上存、下载和编程操作，通过 PLC 的编程口对计算机串口进行连接，如图 1-3-6 所示。

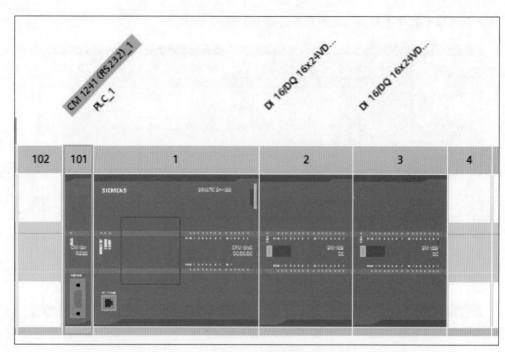

图 1-3-5　组态完成

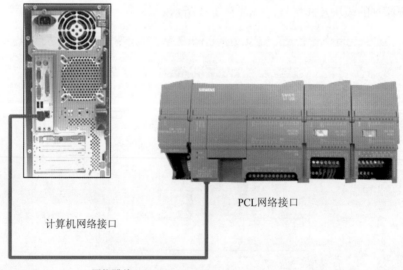

PCL网络接口

计算机网络接口

网络跳线

图 1-3-6　PLC 与计算机连接

　　设置 PLC 的 IP 地址。单击 PLC 的"PROFINET interface"弹出"PROFINET interface"的设置,如图 1-3-7 所示,设置过程中 PLC 与 PLC 之间,PLC 与计算机之间的 IP 地址不能相同。

　　双击左侧项目树下"程序块"中的"Main[OB1]"即可进入程序编写界面,双击或单击拖放 PLC 指令,可以把指令应用到程序段中,如图 1-3-8 所示。

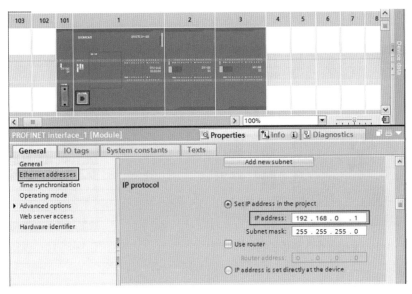

图 1-3-7　设置 PLC 的 IP 地址

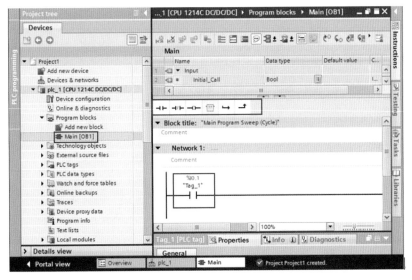

图 1-3-8　程序编写

2. 变频器的基本参数及操作方法

（1）变频器的基本操作

变频器操作面板的基本操作包括运行模式切换、监视器设定、频率设定、参数设定等，如图 1-3-9 所示。

（2）恢复出厂设置（见图 1-3-10）

恢复出厂设置具体步骤如下：

① 按 ▲ 和 ▼ 键将光标移动到"EXTRAS"。

② 按 OK 键进入"EXTRAS"菜单，按 ▲ 和 ▼ 键找到"DRVRESET"功能。

③ 按 OK 键激活复位出厂设置，按 ESC 键取消复位出厂设置。

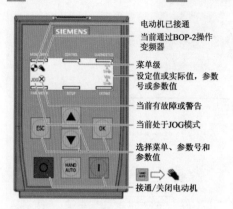

图 1-3-9　变频器操作面板的名称和功能

图 1-3-10　恢复出厂设置

（3）变频器参数设置表

变频器正常工作需要正确设置参数，变频器的参数很多，而本任务用到的功能参数见表 1-3-1。

表 1-3-1　变频器的参数设置表

序　号	参数号	设定值	功能介绍
SETUP 设置菜单			
1	RESET	是/否复位参数	复位变频器参数（无特殊情况不用复位参数）
2	P1300	VF LIN	线性特性的 V/F 控制
3	P100	50HZ	电动机标准
4	P304	220	电动机铭牌上电压
5	P305	0.17	电动机铭牌上电流
6	P307	0.02	电动机铭牌上功率
7	P311	1200	电动机铭牌上转速
8	P1900	OFF	无电动机数据测量
9	P15	CON 2 SP	宏指令 1
10	P1003	500	速度 3
11	P1004	700	速度 4
12	P1120	10	设置电动机从静止加速/减速到参数设置为 P1082 的最高转速所需的时间（单位：s）
13	P1121	10	

二、PLC 原理示意图

颗粒上料单元采用西门子 PLC 型号为 CPU 1214C DC/DC/DC，同时扩展了 SM 1233 DC/DC 模块，本单元 PLC 原理示意图如图 1-3-11 所示。

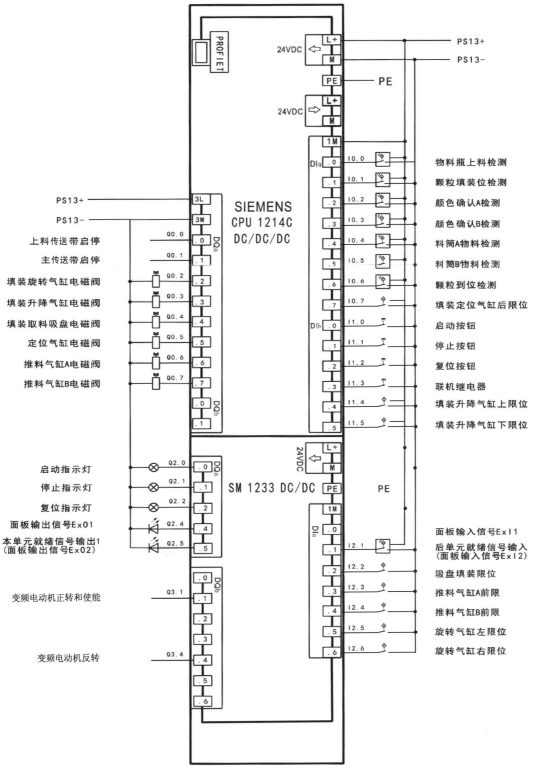

图 1-3-11　PLC 原理示意图

三、程序流程图

1. 主程序和复位程序块

根据颗粒上料单元控制要求，设计主程序和复位程序流程图，如图 1-3-12 所示。

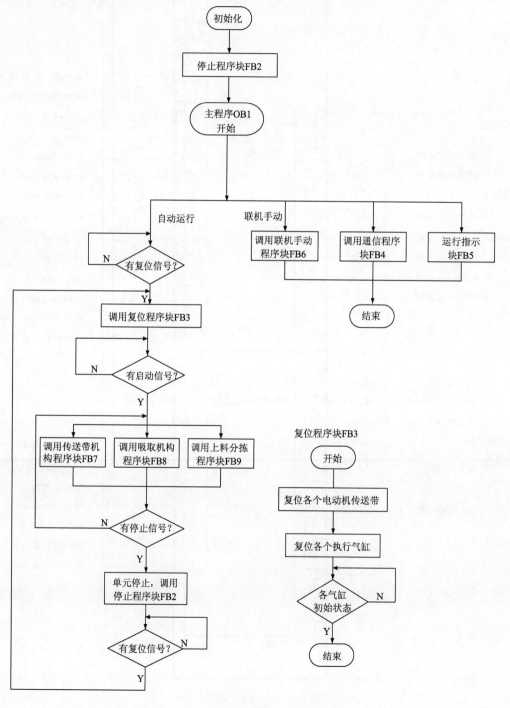

图 1-3-12 主程序和复位程序流程图

2. 传送带机构、停止、通信及联机手动程序块

上料传送带负责逐个将空瓶输送到主输送带；瓶内物料到达设定的颗粒数量后，顶瓶装置松开，主传送带启动，将瓶子输送到下一个工位。根据以上相关控制要求，设计传送带机构、停止、通信及联机手动程序流程图，如图1-3-13所示。

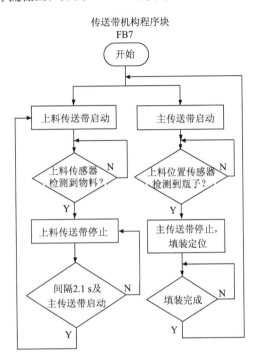

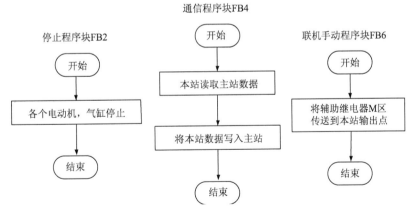

图1-3-13 传送带机构、停止、通信及联机手动程序流程图

3. 吸盘机构、上料分拣及运行指示程序块

当合格物料和空物料瓶都到位后，摆动气缸将吸盘转到物料上方，双杆气缸缩回使吸盘落到物料上，然后吸盘吸起物料，双杆气缸伸出，摆动气缸将物料运送到空瓶上方，双杆气缸缩回，吸盘吐气，将物料放到物料瓶中。上料分拣机构负责甄选符合生产要求的物料并将其传送到指定位置。根据以上相关控制要求，设计吸盘机构、上料分拣及运行指示程序流程图，如图1-3-14所示。

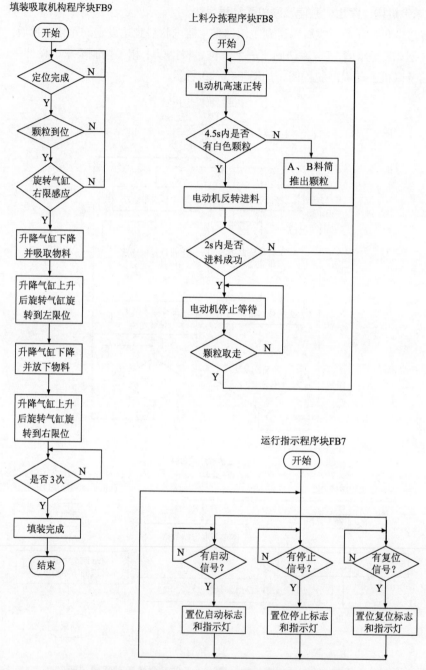

图 1-3-14　吸盘机构、上料分拣及运行指示程序流程图

四、PLC I/O 功能分配表

PLC I/O 分配表具体地说，就是将每一个输入设备对应一个 PLC 的输入点，将每一个输出设备对应一个 PLC 的输出点，列成表格形式，明确表示各自相互对应关系。I/O 分配表是绘制 PLC 接线图和编写 PLC 程序的依据，若 PLC 已经完成接线，则 I/O 分配表应该与 PLC

接线图保持一致。上料单元的 I/O 分配表如表 1-3-2 所示。

表 1-3-2 上料单元的 I/O 分配表

	输 入				输 出		
序号	名称	功能描述		序号	名称	功能描述	
1	I0.0	上料传感器感应到物料		1	Q0.0	上料传送带运行	
2	I0.1	颗粒填装位感应到物料		2	Q0.1	主传送带运行	
3	I0.2	检测到颜色 A 物料		3	Q0.2	填装旋转气缸旋转	
4	I0.3	检测到颜色 B 物料		4	Q0.3	填装升降气缸下降	
5	I0.4	检测到料筒 A 有物料		5	Q0.4	取料吸盘拾取	
6	I0.5	检测到料筒 B 有物料		6	Q0.5	定位气缸伸出	
7	I0.6	传送带取料位检测到物料		7	Q0.6	推料气缸 A 推料	
8	I0.7	填装定位气缸后限位感应		8	Q0.7	推料气缸 B 推料	
9	I1.0	按下启动按钮		9	Q2.0	启动指示灯亮	
10	I1.1	按下停止按钮		10	Q2.2	停止指示灯亮	
11	I1.2	按下复位按钮		11	Q2.3	复位指示灯亮	
12	I1.3	按下联机按钮		12	Q2.4	面板输出信号 ExO1	
13	I1.4	填装升降气缸上限位感应		13	Q2.5	面板输出信号 ExO2（本单元就绪输出 1）	
14	I1.5	填装升降气缸下限位感应		14	Q3.1	变频电动机正转和使能	
15	I2.0	面板输入信号 ExI1		15	Q3.4	变频电动机反转	
16	I2.1	面板输入信号 ExI2（后单元就绪信号输入）					
17	I2.2	吸盘填装限位感应					
18	I2.3	推料气缸 A 前限感应					
19	I2.4	推料气缸 B 前限感应					
20	I2.5	填装旋转气缸左限感应					
21	I2.6	填装旋转气缸右限感应					

五、接口板端子分配表

为方便接线和故障排查，PLC 与各输入输出设备之间是通过桌面接口板过渡的，桌面接口板 CN310（37 针接口板）端子分配如表 1-3-3 所示。

表 1-3-3 端子分配表

接口板 CN310 地址	线号	功能描述	接口板 CN310 地址	线号	功能描述
XT3-0	I0.0	物料瓶上料检测	XT2-0	Q0.0	上料传送带启停
XT3-1	I0.1	颗粒填装位检测	XT2-1	Q0.1	主传送带启停
XT3-2	I0.2	颜色确认 A 检测	XT2-2	Q0.2	填装旋转气缸电磁阀
XT3-3	I0.3	颜色确认 B 检测	XT2-3	Q0.3	填装升降气缸电磁阀
XT3-4	I0.4	料筒 A 物料检测	XT2-4	Q0.4	填装取料吸盘电磁阀
XT3-5	I0.5	料筒 B 物料检测	XT2-5	Q0.5	定位气缸电磁阀
XT3-6	I0.6	颗粒到位检测	XT2-6	Q0.6	推料气缸 A 电磁阀

接口板 CN310 地址	线　号	功能描述	接口板 CN310 地址	线　号	功能描述
XT3-7	I0.7	定位气缸后限位	XT2-7	Q0.7	推料气缸 B 电磁阀
XT3-8	I2.2	吸盘填装限位	XT2-8	Q2.4	预留
XT3-9	I2.3	推料气缸 A 前限位	XT2-15	Q2.5	本单元就绪输出 1
XT3-10	I2.4	推料气缸 B 前限位	XT1\XT4	PS13+(+24 V)	24 V 电源正极
XT3-11	I2.5	填装旋转气缸左限位	XT5	PS13-(0 V)	24 V 电源负极
XT3-12	I2.6	填装旋转气缸右限位			
XT3-13	I1.4	填装升降气缸上限位			
XT3-14	I1.5	填装升降气缸下限位			
XT3-15	I2.1	后单元就绪信号输入			

六、程序设计

根据前面介绍的流程图，按照各个程序块进行编程，完成各块任务要求。此处仅介绍复位 PLC 程序，如图 1-3-15 所示。

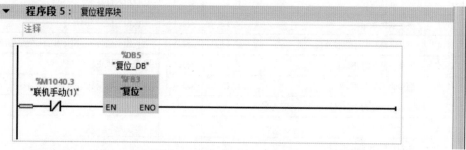

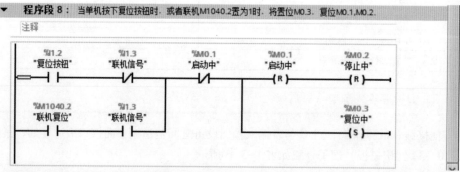

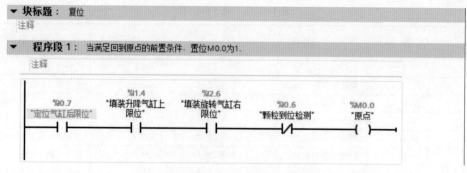

图 1-3-15　复位 PLC 程序

程序段 2： 当M0.3置位为1时，清零所有输出和计数器。

%M0.3	%Q0.0		%Q0.1
"复位中"	"上料传送带运行"		"主传送带运行"
	(R)		(R)

%Q3.1
"变频电动机正转和
使能"
(R)

%Q3.4
"变频电动机反转"
(R)

%Q0.5
"定位气缸"
(R)

%Q0.3
"填装升降气缸"
(R)

%1.4
"填装升降气缸上
限位"

%Q0.2
"填装旋转气缸"
(R)

%M5.0
"清零计数器"
(R)

图 1-3-15　复位 PLC 程序（续）

七、调试步骤

1. 上电前检查

（1）观察机构上各元件外表是否有明显移位、松动或损坏等现象，如果存在以上现象，及时调整、紧固或更换元件。

（2）对照接口板端子分配表或接线图检查桌面和挂板接线是否正确，尤其要检查 24 V 电源，电气元件电源线等线路是否有短路、断路现象。

（3）接通气路，打开气源，手动控制电磁阀，确认各气缸及传感器的原始状态。

2. 传感器部分的调试

（1）E32-ZD200 型光纤头

此型号的光纤属于反射型，其最大检测距离为 150 mm，如图 1-3-16 所示。安装时可以用固定螺母固定在传感器安装座上，也可以直接安装在零件上并用螺母锁紧。光纤在使用时严禁大幅度弯折到底部，严禁向光纤施加拉伸、压缩等蛮力。光纤在切割时应用专用的光纤切割器切割，如图 1-3-17 所示。

（2）E3X-ZD11 型光纤放大器

通过调节"模式／输出"和"设定值"来达成目的，该传感器面板介绍，如图 1-3-18 所示。设定值的大小可以根据环境的变化、具体的要求来设定。但光纤头安装时应注意，光纤线严禁大幅度曲折。如校准移动的工件，在未放置工件的情况下按住"设置按钮（SET）"，当显示屏上"SET"闪烁时，令工件穿过感应区域，当工件完全穿过感应区域再松开"设置按钮（SET）",如需微调设定值,按"灵敏度微调"按钮的加减进行调节;如需切换模式输出,按"模式（MODE）按钮",再按加减按钮选择 L-ON（入关动作）或 D-ON（遮光动作),然后再按一次"模式（MODE）按钮",即设置完成。

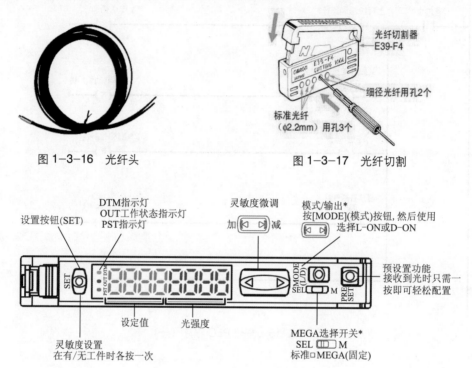

图 1-3-16 光纤头   图 1-3-17 光纤切割

图 1-3-18 光纤放大器

（3）磁性开关的调节

打开气源,待气缸在初始位置时,移动磁性开关的位置,调整气缸的缩回限位,待磁性开关点亮即可,如图 1-3-19 所示;再利用小一字螺丝刀对气动电磁阀的测试旋钮进行操作,按下测试旋钮,顺时针旋转 90°即锁住阀门,如图 1-3-20 所示,此时气缸处于伸出位置,调整气缸的伸出限位即可。

小一字螺丝刀压下
回转锁定式按钮

图 1-3-19 气缸测试   图 1-3-20 磁性开关调试

3. 单机自动运行操作方法

（1）按钮面板如图 1-3-21 所示。

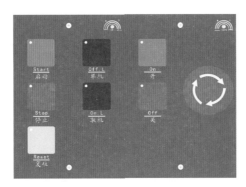

图 1-3-21　按钮面板

（2）在确保接线无误后，松开"急停"按钮，按下"开"按钮，设备上电，绿色指示灯亮，如图 1-3-22 所示。

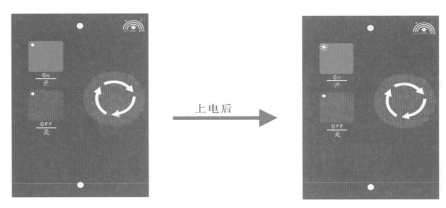

上电后

图 1-3-22　上电指示

（3）按下"单机"按钮，单机指示灯点亮，再按下"复位"按钮，设备复位，复位指示灯点亮，如图 1-3-23 所示。

（4）复位成功后按"启动"按钮，启动指示灯亮，复位指示灯灭，设备开始运行，如图 1-3-24 所示。

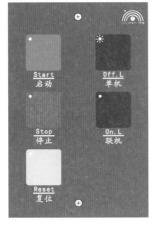

图 1-3-23　单机指示

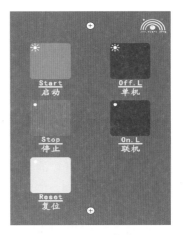

图 1-3-24　运行指示

（5）在设备运行过程中随时按下"停止"按钮，停止指示灯亮并且启动指示灯灭，设备停止运行，如图1-3-25所示。

（6）当设备运行过程中遇到紧急状况时，请迅速按下"急停"按钮，给设备断电，如图1-3-26所示。

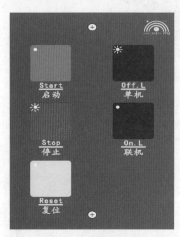

图1-3-25　停止指示

图1-3-26　急停操作

4. 联机自动运行操作方法

确认通信线连接完好，在上电复位状态下，按下"联机"按钮，联机指示灯亮，单机指示灯灭，进入联网状态，如图1-3-27所示。

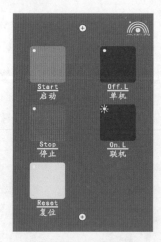

图1-3-27　联机指示

5. 面板I/O信号交换

在每个工作单元面板上都提供了两对（输入／输出）信号交换接口，如图1-3-28所示。面板信号接口标识与PLC的输入与输出地址对应关系为ExI2 → I2.1、ExI1 → I2.0、ExO2 → Q2.5、ExO1 → Q2.4，信号接口与PLC I/O是直接接通的。每个面板接口对应一个指示灯，用于指示接口当前状态。面板连线采用选对插头连线快速连接，在使用接线时必须将两个工作单元的24 V和GND对应连接，选对插头连线如图1-3-29所示。

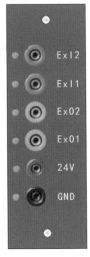

Ex I2
Ex I1
Ex O2
Ex O1
24V
GND

图1-3-28 面板上接口和电源

图1-3-29 选对插头连线

6. 自动流程的调试

（1）将 7 个物料瓶整齐地摆放在上料传送带，将料筒填满颗粒物料，按启动按钮，设备开始运转。

（2）启动后，循环传送带自动进行筛选上料工作；上料传送带上料，若定位气缸不能准确顶住物料瓶，请用 M6 的内六角扳手，松开传感器安装件，调整传感器的方向；或是修改程序中对应的定时器的时间直到合适为止，如图1-3-30所示。

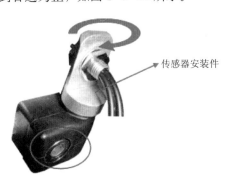

传感器安装件

图1-3-30 光纤头安装调试

（3）颗粒填装偏差可调节填装机构旋转气缸上的调整螺钉，至整个流程顺畅无失误为止。

机电一体化设备安装与调试

项目二

加盖拧盖单元

加盖拧盖为 815Q 型机电一体化综合实训考核设备第二个单元，加盖拧盖单元整体实物图如图 2-0-1 所示。本项目将进行 PLC 程序的编写，通过编写程序，可以实现任务为：瓶子被输送到加盖模块下，加盖位顶瓶装置将瓶子固定，加盖机构启动加盖流程，将盖子（白色或蓝色）加到瓶子上；加上盖子的瓶子继续被送往拧盖机构，到拧盖模块下方，拧盖位顶瓶装置将瓶子固定，拧盖机构启动，将瓶盖拧紧。

项目描述

加盖拧盖单元的机械构件主要包含传送机构、加盖机构和拧盖机构等装置，现有这些装置的零部件，要求会进行传送机构的组装、加盖机构的组装、拧盖机构的组装，完成加盖拧盖单元整体安装和调整的任务。根据电路原理图和气路原理图对设备的电路和气路按照工艺要求进行连接和组装，编写 PLC 程序，并且进行调试，使其能够正常运行。

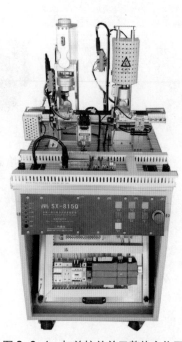

图 2-0-1　加盖拧盖单元整体实物图

 项目目标

① 掌握传送机构、加盖机构和拧盖机构的组装；

② 掌握加盖拧盖单元电路和气路连接；

③ 掌握气缸的调节方法；

④ 掌握加盖拧盖单元 PLC 编程设计。

▶ 任务一　机械构件的组装与调整

一、传送机构的组装

加盖拧盖单元传送机构主要由直流电动机、传送带、轴承、接线端子模块、光纤传感器和各个配件等组成。其组装过程参照颗粒上料单元传送装置的组装。其组装完成示意图如图 2-1-1 所示。

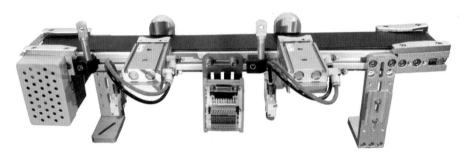

图 2-1-1　加盖拧盖单元传送机构示意图

二、加盖机构的组装

加盖机构主要由一个送料气缸、料筒、传感器和各个配件等组成（见图 2-1-2）。在工作时，瓶子被输送到加盖模块下，加盖位顶瓶装置将瓶子固定，加盖机构启动加盖流程，将盖子（白色或蓝色）加到瓶子上。在安装时要求正确选择工具、安装步骤正确，不要返工、安装牢靠紧密，符合国家规定的安装操作规定。加盖机构组装具体安装步骤见表 2-1-1。

图 2-1-2　加盖机构的各部件零件图

43

表 2-1-1　加盖机构组装具体安装步骤

步　骤	图　片	说　明
1. 组装加盖装置背板与压盖气缸安装件 1		将加盖装置背板与压盖气缸安装件 1 组装起来
2. 组装料筒底座与压盖气缸安装件 2		将料筒底座与压盖气缸安装件 2 组装起来
3. 组装前两步装好的组件		——
4. 安装校正筒		——

步　骤	图　片	说　明
5. 安装供料料筒		将供料料筒插入料筒底座中
		旋转拧紧料筒
		将料筒端头安装在供料料筒上
6. 安装送料气缸		将送料气缸安装板安装在组件上
		将送料气缸安装在送料安装板上

步 骤	图 片	说 明
6. 安装送料气缸		固定送料气缸
		将加盖右侧板安装在组装好的加盖装置上
7. 安装加盖装置侧板		安装加盖左侧板
		将两侧板与背板组装的螺钉上紧
		安装加盖装置底板

机电一体化设备安装与调试

46

步　骤	图　片	说　明
8. 安装传感器安装板	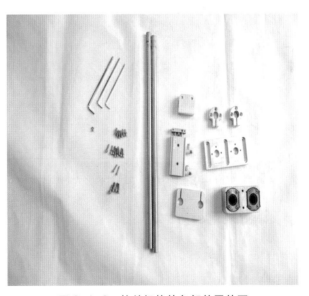	稍微放松侧板与底板
		安装传感器安装板

三、拧盖机构的组装

拧盖机构主要由一个拧盖气缸、导杆、滑块和各个配件等组成（见图2-1-3）。在工作时，加上盖子的瓶子继续被送往拧盖机构，到拧盖模块下方，拧盖位顶瓶装置将瓶子固定，拧盖机构启动，将瓶盖拧紧。在安装时要求正确选择工具、安装步骤正确，不要返工、安装牢靠紧密，符合国家规定的安装操作规定。拧盖机构组装具体安装步骤见表2-1-2。

图2-1-3　拧盖机构的各部件零件图

表 2-1-2　拧盖机构组装具体安装步骤

步　骤	图　片	说　明
1. 安装导杆夹紧件		—
2. 组装拧盖升降气缸与拧盖装置滑块		—
3. 安装拧盖气缸安装件		将拧盖气缸安装件安装在拧盖气缸上
4. 安装拧盖装置导杆		—
5. 安装滑块装置		将组装好的滑块装置装在导杆装置组件上，并调整至合适位置

步　骤	图　片	说　明
5. 安装滑块装置		用螺钉上紧拧盖气缸安装件
		安装拧盖装置顶板

四、整体安装和调整

加盖拧盖单元整体安装过程见表 2-1-3，安装后效果图如图 2-1-4 所示。

表 2-1-3　加盖拧盖单元整体组装步骤说明表

步　骤	图　片	说　明
1. 安装传送机构		安装传送机构，注意安装时要与前一级的传送带对接（两边角对齐，水平面一样高），注重细节的调整
2. 安装加盖机构		安装传感器，安装时注意前后都要拧紧

步　骤	图　片	说　明
2. 安装加盖机构		放置传感器固定板，放置时尽量保持水平状态，往上面去调整
		固定传感器固定板，固定时可以先用工具固定一侧螺钉孔，确保 4 个螺钉孔同时对齐
		安装加盖机构，安装时因为螺钉已经在槽底下，找的时候可以利用工具对齐，然后上螺钉
3. 安装拧盖机构		安装拧盖电动机
		安装走线板

步　骤	图　片	说　明
3. 安装拧盖机构	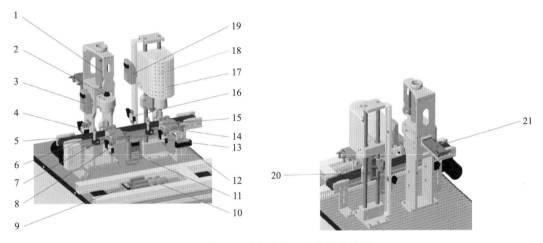	将安装好的拧盖机构安装到台面上

图 2-1-4 所示为加盖拧盖单元整体安装效果图。

图 2-1-4　加盖拧盖单元整体安装效果图

1—加盖机构；2—加盖升降气缸；3—加盖模块端子板；4—加盖伸缩、升降气缸电磁阀；5—传送带机构；6—加盖位检测传感器；7—加盖定位气缸；8—加盖定位气缸；9—37 针端子板；10—直流电动机控制板；11—传送带模块端子板；12—光纤放大器；13—拧盖定位气缸电磁阀；14—拧盖定位气缸；15—拧盖位检测传感器；16—拧盖升降气缸电磁阀；17—拧盖机构；18—拧盖电动机（电气罩内）；19—拧盖模块端子板；20—拧盖升降气缸；21—加盖伸缩气缸

▶任务二　电路与气路的连接和操作

一、电路连接

1. 接线图

图 2-2-1 所示给出了加盖拧盖单元的端子和电源进出线部分的接线图。

图 2-2-2 所示为 PLC 与 37P 端子之间的接线图。

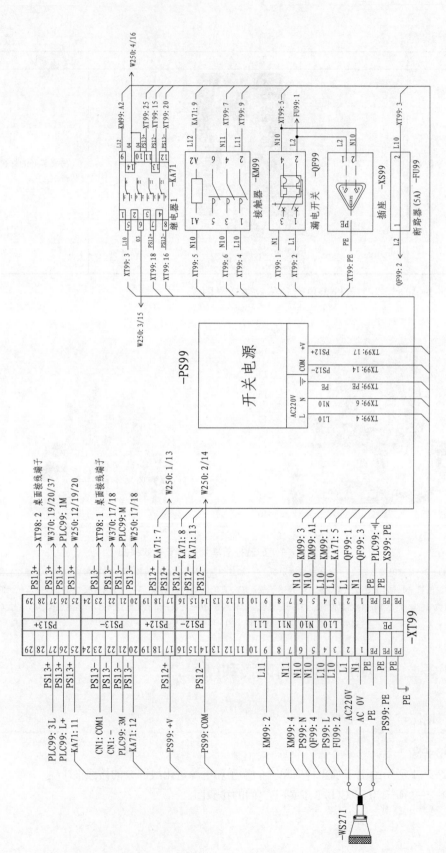

图 2-2-1 加盖拧盖单元接线图 1

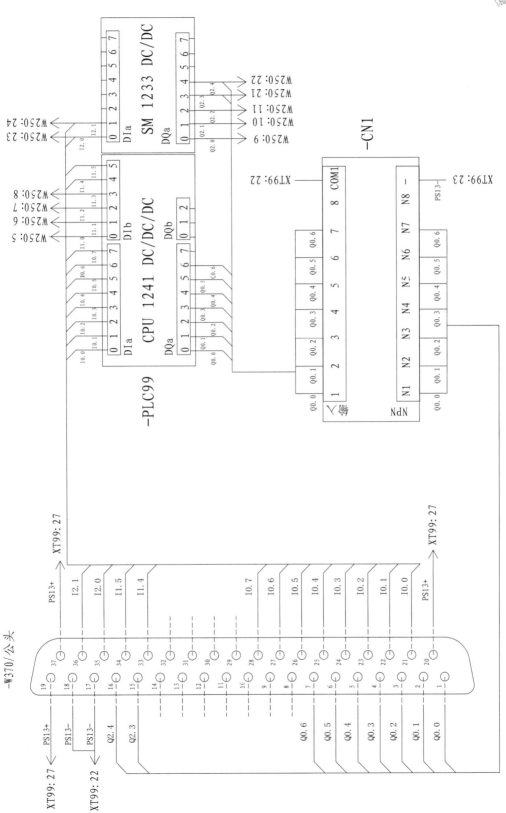

图 2-2-2 加盖拧盖单元接线图 2

项目二 加盖拧盖单元

53

图 2-2-3 所示给出了加盖拧盖单元 PLC 部分工作电源接线图，包括 CPU、SM 模块和 CSM 模块的电源接线图。图 2-2-4 所示给出了 W250 端子定义接线图。

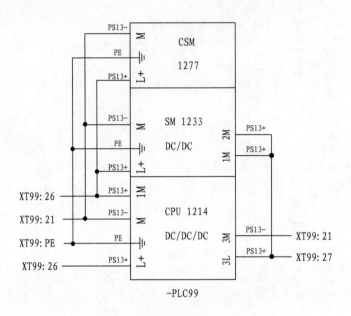

图 2-2-3　加盖拧盖单元接线图 3

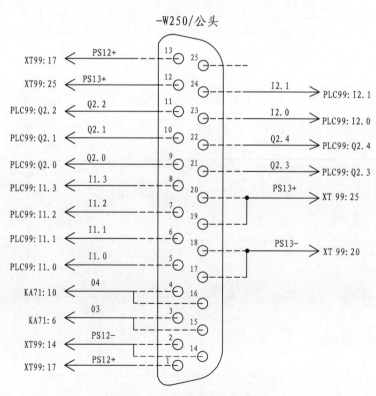

图 2-2-4　加盖拧盖单元接线图 4

图 2-2-5 所示为传感器与桌面端子接口板之间的接线图。

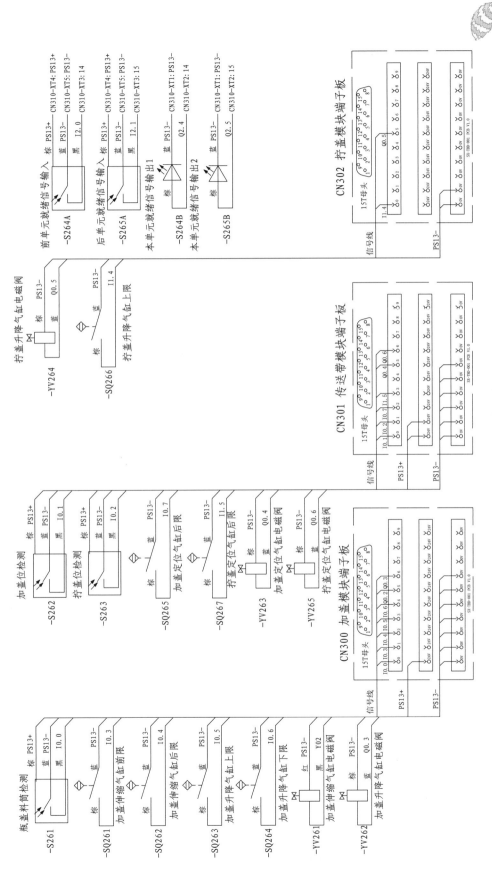

图 2-2-5 加盖拧盖单元接线图 5

图 2-2-6 所示为桌面接口板与电动机之间的接线图。

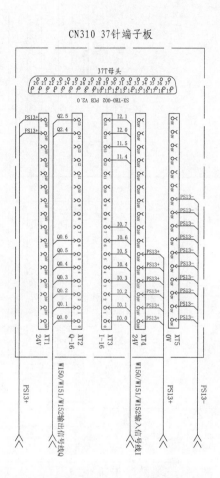

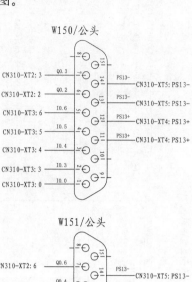

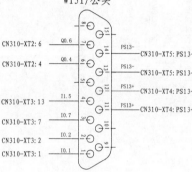

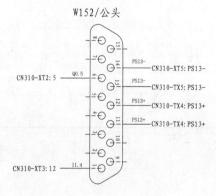

注：W150对接加盖模块CN300端子板；W151对接传送带模块CN301端子板，
W152对接拧盖模块CN302端子板。

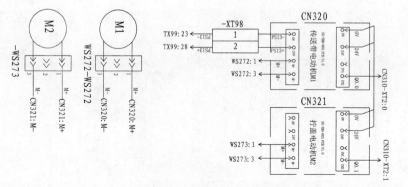

图 2-2-6　加盖拧盖单元的模型接线图

2. 磁性开关的接线

（1）找到磁性开关线端，根据电路图接线。

（2）连接 PS13- 到桌面接口线路板。

（3）根据电路图连接 I1.4 到桌面接口线路板。

（4）根据电路图连接 I1.4 到 PLC 端子。

（5）接线完成。

3. 光电开关的接线

（1）找到光电开关线端，根据电路图接线。

（2）连接 PS13+ 到桌面接口线路板。

（3）连接 PS13- 到桌面接口线路板。

（4）根据电路图连接 I0.0 到桌面接口线路板。

（5）根据电路图连接 I0.0 到 PLC 端子。

（6）接线完成。

4. 直流电动机的接线

（1）找到直流电动机线端。

（2）根据图 1-2-9 所示电路图连接 M- 到直流电动机控制板接线端子。

（3）根据电路图连接 M+ 到直流电动机控制板接线端子。

（4）接线完成。

5. 直流电动机控制板的接线

（1）根据电路图连接直流电动机控制板。

（2）连接 Q0.0 到直流电动机控制板 IN2 接线端子。

（3）连接 PS13-、PS13+ 到直流电动机控制板 0 V、24 V 接线端子。

（4）根据电路图连接 Q0.0 到桌面接口线路板。

（5）根据电路图连接 Q0.0 到 PLC。

（6）接线完成。

6. 电磁阀的接线

（1）根据电路图接线，把电磁阀线端插入电磁阀接口，把另一端线 PS13- 接到桌面接口线路板。

（2）把 Q0.2 ~ Q0.6 接到桌面接口线路板。

（3）根据电路图把 Q0.2 ~ Q0.6 接到 PLC 端子，接线完成。

7. 动力配电箱的接线

图 2-2-7 所示为动力配电箱接线效果，各个单元接地线都是通过这个配电箱连接的。

8. 线缆的连接

（1）根据电气图连接线缆，连接 PS13+ 到桌面端子排。

（2）连接 PS13- 到桌面端子排。

（3）到线缆另一端，连接 PS13- 到挂板端子排。

图 2-2-7　动力配电箱接线效果

（4）连接 PS13+ 到挂板端子排。

（5）接线完成。

二、气路连接

1. 气路原理图

图 2-2-8 所示为加盖拧盖单元气路原理图，该单元使用了 5 个气缸，分别完成两次瓶子定位、推瓶盖、压瓶盖、拧瓶盖的功能。

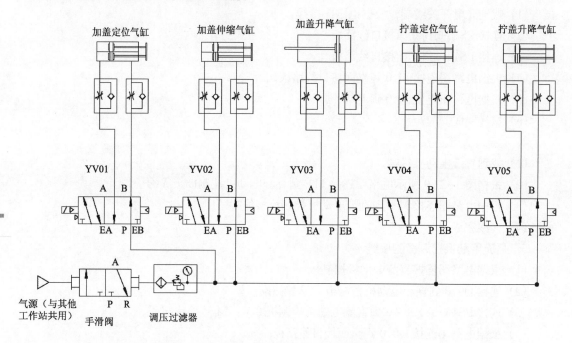

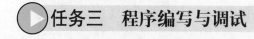

图 2-2-8 加盖拧盖单元气路原理图

2. 电磁阀与气缸的连接

根据气路原理图将 YV01 电磁阀两个工作口，分别用黑色和蓝色气管接到气缸上节流阀位置。一般，气管常通工作口用于控制气缸收回动作，常闭工作口控制气缸推出动作。其他电磁阀与气缸连接方法按照气路图连接，方法相同。

▶ 任务三　程序编写与调试

一、PLC 原理示意图

加盖拧盖单元原理示意图如图 2-3-1 所示，所采用 PLC 型号为西门子 CPU1214C DC/DC/DC，同时扩展了 SM1233 DC/DC 模块。

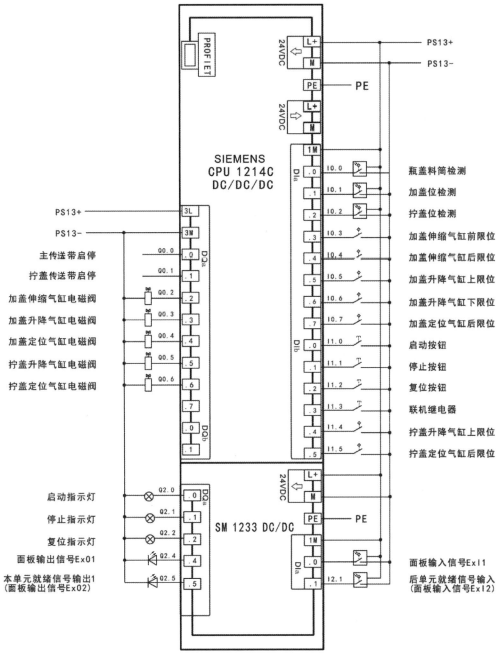

图 2-3-1　加盖拧盖单元 PLC 原理示意图

二、程序流程图

图 2-3-2 所示给出了加盖拧盖单元主程序和运行指示的流程图。主程序涉及各个程序块在后文均有对应流程图描述。运行指示程序主要是对"运行指示灯"在不同情况下的显示处理。

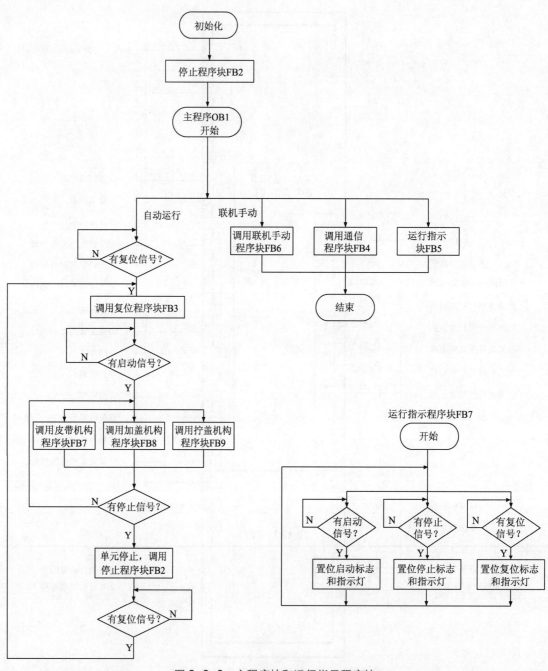

图 2-3-2 主程序块和运行指示程序块

图 2-3-3 所示给出了三种程序块。第一种是停止按钮按下之后各个电动机、气缸均应立即停止动作；第二种是通信程序块，完成读取加盖拧盖单元数据本将数据写入主通信站中。第三种是联机手动程序块，它是将辅助继电器 M 区数据传送到本单元的输出点。

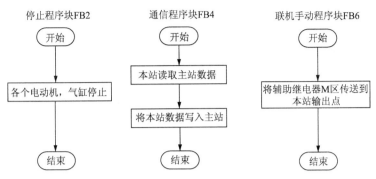

图 2-3-3　停止、通信和联机手动程序块流程图

图 2-3-4 所示给出了拧盖机构和加盖机构完成动作所需程序流程图。

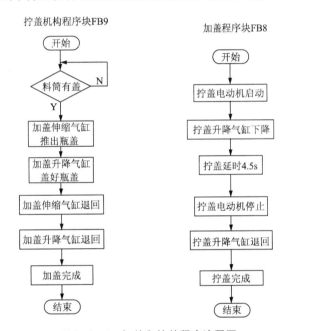

图 2-3-4　加盖和拧盖程序流程图

三、PLC I/O 功能分配表

传感器信号占用 10 个输入点、站间通信 2 个输入点，启停等开关占 4 个输入点，输出有 1 传送带电动机、1 个拧盖电动机、5 个电磁阀、3 个指示灯和 2 个站间通信输出，如表 2-3-1 所示。

表 2-3-1　加盖拧盖单元 PLC 的 I/O 功能分配表

输入			输出		
序号	输入点	信号名称	序号	输出点	信号名称
1	I0.0	瓶盖料筒感应到瓶盖	1	Q0.0	加盖拧盖传送带运行
2	I0.1	加盖位传感器感应到物料	2	Q0.1	拧盖电动机运行
3	I0.2	拧盖位传感器感应到物料	3	Q0.2	加盖伸缩气缸伸出

输 入			输 出		
序号	输入点	信号名称	序号	输出点	信号名称
4	I0.3	加盖伸缩气缸伸出前限位感应	4	Q0.3	加盖升降气缸下降
5	I0.4	加盖伸缩气缸缩回后限位感应	5	Q0.4	加盖定位气缸伸出
6	I0.5	加盖升降气缸上限位感应	6	Q0.5	拧盖升降气缸下降
7	I0.6	加盖升降气缸下限位感应	7	Q0.6	拧盖定位气缸伸出
8	I0.7	加盖定位气缸后限位感应	8	Q2.0	启动指示灯亮
9	I1.0	按下启动按钮	9	Q2.1	停止指示灯亮
10	I1.1	按下停止按钮	10	Q2.3	复位指示灯亮
11	I1.2	按下复位按钮	11	Q2.4	面板输出信号ExO1(本单元就绪输出1)
12	I1.3	按下联机按钮			
13	I1.4	拧盖升降气缸上限位感应	12	Q2.5	面板输出信号ExO2(本单元就绪输出2)
14	I1.5	拧盖定位气缸后限位感应			
15	I2.0	面板输入信号ExI1(前单元就绪信号输入)			
16	I2.1	面板输入信号ExI2(后单元就绪信号输入)			

四、接口板端子分配表

为方便接线和故障排查,PLC与各输入输出设备之间是通过桌面接口板过渡的,加盖拧盖单元桌面接口板 CN310(37针接口板)端子分配表如表 2-3-2 所示。

表 2-3-2　CN310 端子分配表

接口板 CN310 地址	线　号	功能描述	接口板 CN310 地址	线　号	功能描述
XT3-0	I0.0	瓶盖料筒检测传感器	XT2-0	Q0.0	加盖拧盖传送带启停
XT3-1	I0.1	加盖位检测传感器	XT2-1	Q0.1	拧盖电动机启停
XT3-2	I0.2	拧盖位检测传感器	XT2-2	Q0.2	加盖伸缩气缸电磁阀
XT3-3	I0.3	加盖伸缩气缸前限	XT2-3	Q0.3	加盖升降气缸电磁阀
XT3-4	I0.4	加盖伸缩气缸后限	XT2-4	Q0.4	加盖定位气缸电磁阀
XT3-5	I0.5	加盖升降气缸上限	XT2-5	Q0.5	拧盖升降气缸电磁阀
XT3-6	I0.6	加盖升降气缸下限	XT2-6	Q0.6	拧盖定位气缸电磁阀
XT3-7	I0.7	加盖定位气缸后限	XT2-14	Q2.4	本单元就绪输出1
XT3-12	I1.4	拧盖升降气缸上限	XT2-15	Q2.5	本单元就绪输出2
XT3-13	I1.5	拧盖定位气缸后限	XT1/ XT4	PS13+(+24 V)	24 V 电源正极
XT3-14	I2.0	前单元就绪信号输入			
XT3-15	I2.1	后单元就绪信号输入	XT5	PS13-(0 V)	24 V 电源负极

五、程序设计

编写通信PLC程序,首先参考PLC原理示意图,如图 2-3-1 所示,根据控制要求绘制流程图,然后编写PLC程序,图 2-3-5 所示给出了通信程序示例,其他功能程序参考随书光盘。

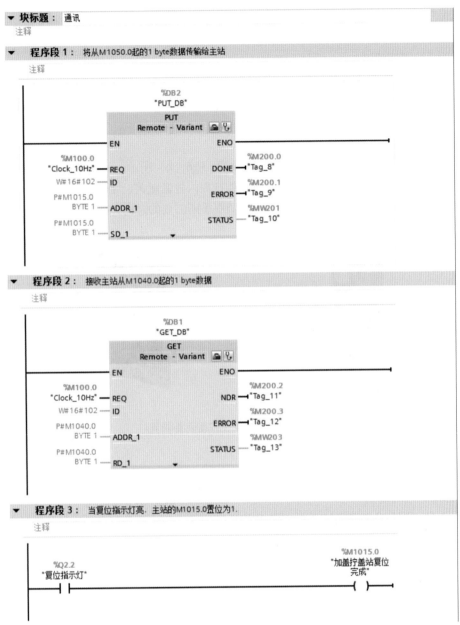

图 2-3-5　PLC 通信程序示例

六、调试步骤

1. 上电前检查

（1）观察机构上各元件外表是否有明显移位、松动或损坏等现象。

（2）对照接口板端子分配表或接线图检查桌面和挂板接线是否正确,尤其要检查24V电源,电气元件电源线等线路是否有短路、断路现象。

（3）接通气路,打开气源,手动控制电磁阀,确认各气缸及传感器的原始状态。

2. 传感器部分的调试

此部分的调试请参照颗粒上料单元相关部分的调试进行。

3. 加盖装置的调试

将一个无盖的物料瓶放在加盖位，如图2-3-6（a）所示，锁住加盖定位气缸电磁阀，调整加盖伸缩与升降气缸安装位置，保证瓶盖垂直压在物料瓶正中心。调整各个气缸磁性开关的位置，加盖装置调试完成。

4. 拧盖装置的调试

将一个加盖完成的物料瓶放在拧盖位，如图2-3-6（b）所示，锁住拧盖定位气缸电磁阀，调整拧盖升降气缸的高度，保证气缸能在有效的行程内拧紧瓶盖。手动启动拧盖电动机，根据电动机的转速与物料瓶螺纹的高度，估算出拧紧瓶盖所需要的时间，拧盖装置调试完成。

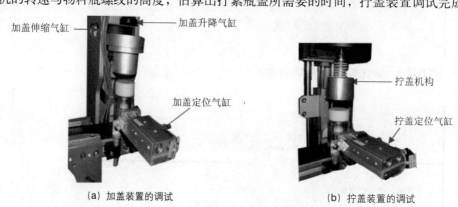

（a）加盖装置的调试   （b）拧盖装置的调试

图2-3-6   加盖和拧盖装置调节

5. 按钮板部分调试

按钮板部分调试参照颗粒上料单元按钮板调试部分进行。

6. 自动流程的调试

将一个装满颗粒物料未加盖的物料瓶放传送带始端，开启设备，自动进行加盖拧盖动作；若在加盖与拧盖位置不能准确定位，请调整位置前端传感器（调整方法参照颗粒上料单元定位传感器调整部分）；加盖偏差请调整气缸节流阀使气缸动作配合最佳；拧盖不紧可更改拧盖时间；至整个流程顺畅无失误为止。

项目三

检测分拣单元

检测分拣单元作为机电一体化综合实训考核设备中的第三个单元,检测分拣单元整体外观图如图 3-0-1 所示,其在上一个单元基础上,对拧盖完成的瓶子经过此单元进行检测:回归反射传感器检测瓶盖是否拧紧;龙门机构检测瓶子内部颗粒是否符合要求;对拧盖与颗粒数均合格的瓶子进行瓶盖颜色判别区分;拧盖或颗粒数不合格的瓶子被分拣机构推送到废品传送带上(辅传送带);拧盖与颗粒均合格的瓶子被输送到传送带末端,等待机器人搬运。

项目描述

检测分拣单元的机械构件主要包含龙门机构、分拣机构、传送带等装置,现有这些装置的零部件,要求会进行龙门机构的组装、分拣机构的组装,完成检测分拣单元整体安装和调整的任务。根据电路原理图和气路原理图对设备的电路和气路按照工艺要求进行

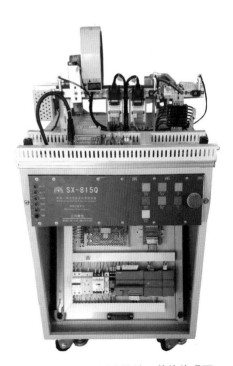

图 3-0-1 检测分拣单元整体外观图

连接和组装。编写 PLC 程序，并且进行调试，使其能够正常运行。

项目目标

① 掌握进行龙门机构、分拣机构、传送机构的组装；

② 了解检测分拣单元检测工作原理；

③ 掌握检测分拣单元整体安装和调整；

④ 掌握检测分拣电路和气路连接；

⑤ 具备检测分拣单元 PLC 程序编写和调试能力。

▶ 任务一　机械构件的组装与调整

一、龙门机构的组装

龙门机构内含两个对射式光电传感器、两个漫反射光纤式光电传感器以及红绿蓝三色灯带。安装对射式光电传感器时，需要保证发生器和接收器中心线一致。整个龙门机构的组装过程如下。

1. 安装对射式光纤传感器

这两个传感器用于检测瓶中物料管状塑料是否充足，如图 3-1-1 所示。

图 3-1-1　安装光纤传感器

2. 安装漫反射光纤式光电传感器

漫反射光纤式光电传感器用于检测瓶盖的颜色或者是否有瓶盖。安装示意图如图 3-1-2 所示。

3. 安装防护罩

安装示意图如图 3-1-3 所示。

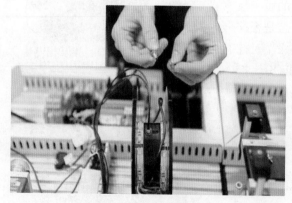

图 3-1-2　安装光纤传感器

图 3-1-3　安装防护罩

二、分拣机构的组装

分拣结构主要由两部分组成，分拣用气缸以及传送带结构。传送带机构组装过程参照颗粒

上料表，安装完效果图如图 3-1-4 所示。分拣用气缸零部件如图 3-1-5 所示。

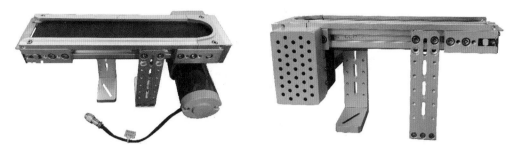

图 3-1-4　分拣传送带安装后效果图

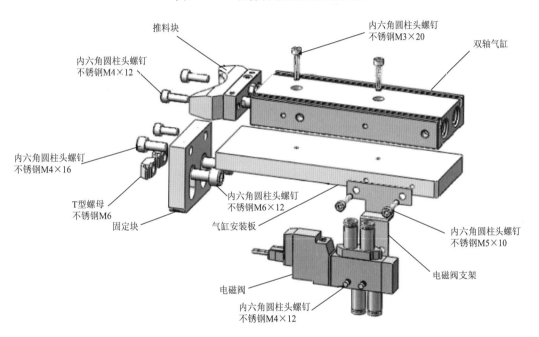

图 3-1-5　分拣气缸零部件示意图

分拣气缸安装过程如下：

（1）紧固连接双轴气缸和推料块。

（2）紧固连接固定块和气缸安装板。

（3）紧固连接双轴气缸组件与气缸安装板组件。

（4）紧固连接电磁阀与电磁阀支架，然后与气缸安装板紧固连接，推料块的往复运动轨迹要与固定块的安装面垂直。

三、传送机构的组装

检测分拣单元传送机构主要由直流电动机、传送带、轴承、接线端子模块、光纤传感器和各个配件等组成。其组装过程参照颗粒筛选单元的传送结构安装。其安装完成示意图如图 3-1-6所示。

图 3-1-6　加盖拧盖单元传送机构示意图

四、整体安装和调整

整体安装和调整过程如下，安装后示意图如图 3-1-7 所示。

（1）将传送带组件，按图 3-1-7 所示装到台面上。

（2）将分拣传送带组件，按图 3-1-7 所示装入，要求其传送带中心与分拣装置中心对齐。

（3）按图 3-1-7 所示装入手编器组件（桌面合适位置，按实际空间调整）、单联件支架（安装在桌体左侧）。

（4）将铝导轨、37 针端子板、电动机正反转线路板按桌面电气布局图安装到线槽框内。

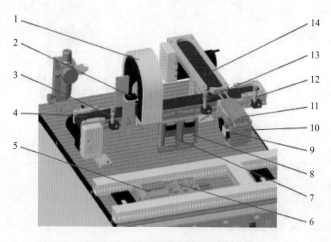

图 3-1-7　整体安装示效果图

1—检测装置；2—旋紧检测传感器；3—进料检测传感器；4—主传送带机构；5—37 针接口板；6—直流电动机控制板；7—传送带检测模块接口板；8—灯带显示与分拣模型接口板；9—分拣气缸电磁阀；10—光纤放大器；11—分拣气缸；12—出料检测传感器；13—不合格到位检测传感器；14—分拣传送带

 任务二　电路与气路的连接和操作

一、电路连接

1. 电路接线图

图 3-2-1 和图 3-2-2 所示给出了检测分拣单元的端子和电源进出线部分的接线图。

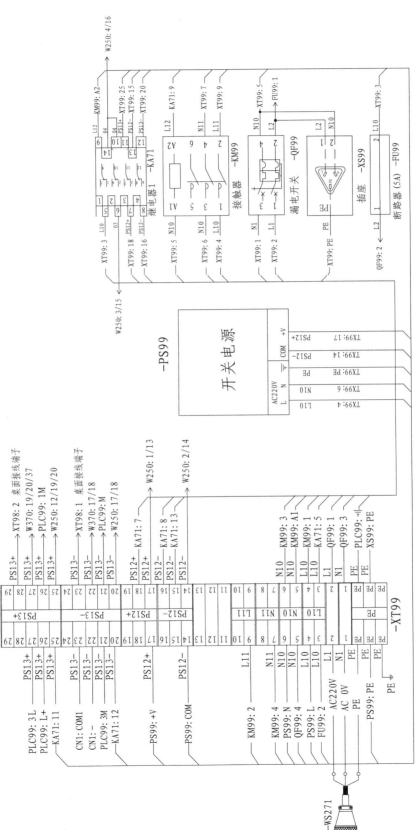

图 3-2-1　检测分拣单元的挂板接线图

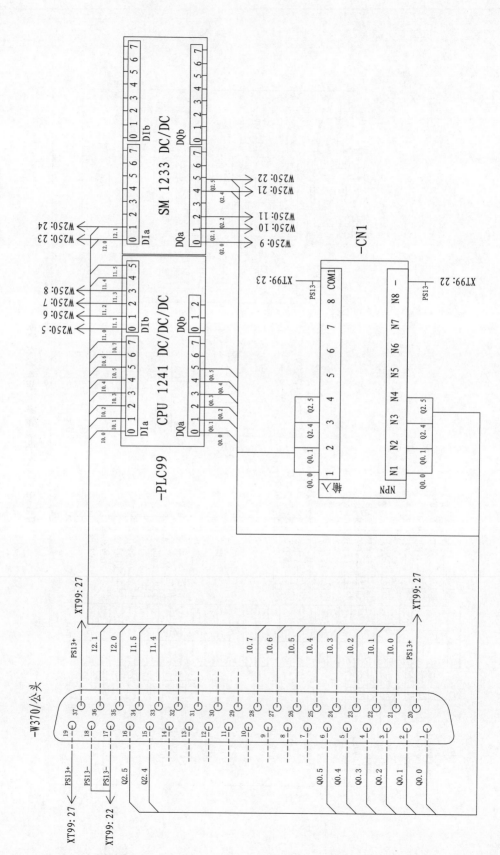

图 3-2-1 检测分拣单元的挂板接线图（续）

-W250/公头

XT99: 17 ←	PS12+	13	25		
XT99: 25 ←	PS13+	12	24	I2.1 → PLC99: I2.1
PLC99: Q2.2 ←	Q2.2	11	23	I2.0 → PLC99: I2.0
PLC99: Q2.1 ←	Q2.1	10	22	Q2.5 → PLC99: Q2.5
PLC99: Q2.0 ←	Q2.0	9	21	Q2.4 → PLC99: Q2.4
PLC99: I1.3 ←	I1.3	8	20	PS13+ → XT 99: 25
PLC99: I1.2 ←	I1.2	7	19	
PLC99: I1.1 ←	I1.1	6	18	PS13- → XT 99: 20
PLC99: I1.0 ←	I1.0	5	17	
KA71: 10 ←	04	4	16	
KA71: 6 ←	03	3	15	
XT99: 14 ←	PS12-	2	14	
XT99: 17 ←	PS12+	1		

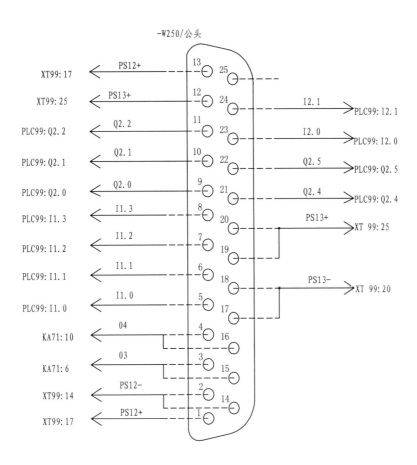

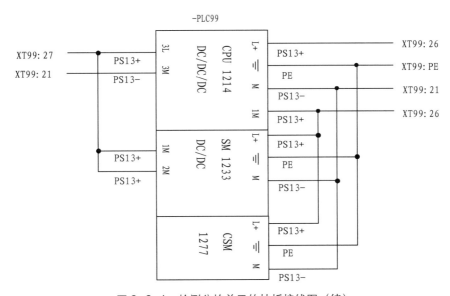

图 3-2-1 检测分拣单元的挂板接线图（续）

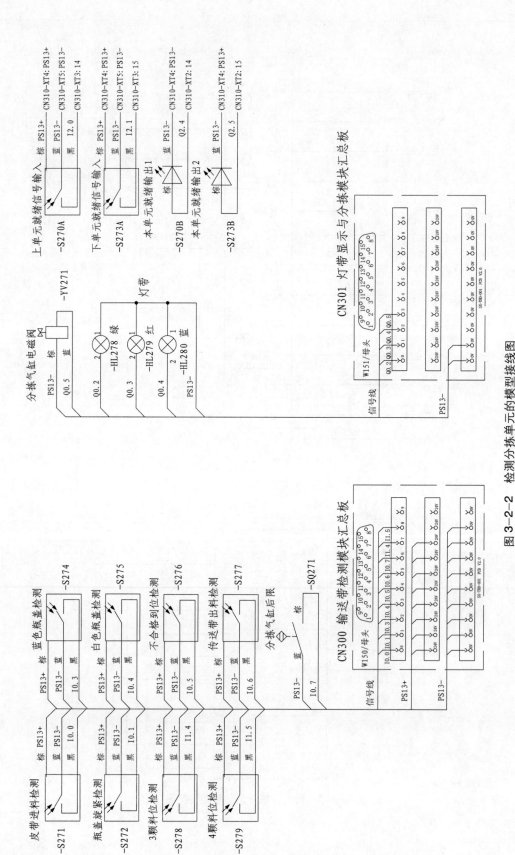

图 3-2-2　检测分拣单元的模型接线图

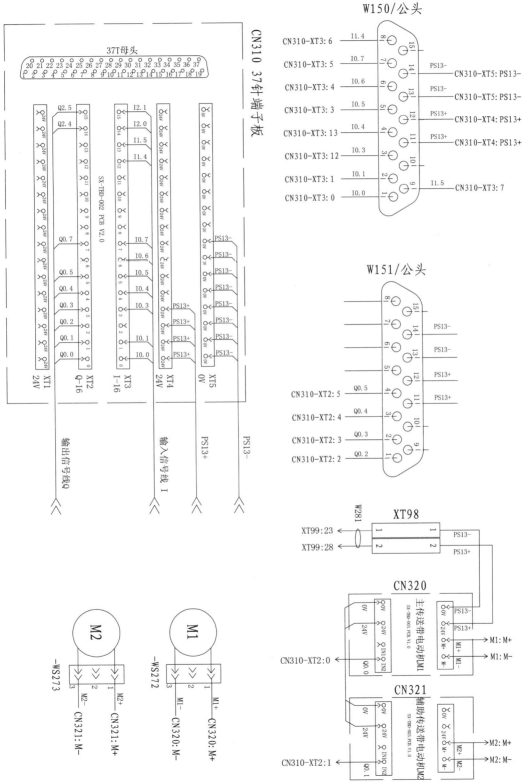

图 3-2-2 检测分拣单元的模型接线图（续）

2. 接线操作

检测分拣单元中涉及的传感器、电磁阀等元件接线单元可参考加盖拧盖单元进行。

二、气路连接

图3-2-3所示为气路连接图。检测分拣单元只使用了一个气缸，其将经检测不合格的瓶子推送到辅助传送带上。根据气动原理图将YV01电磁阀两个工作口，分别用黑色和蓝色气管接到气缸上节流阀位置。一般，气管常通工作口用于控制气缸收回动作，常闭工作口控制气缸推出动作。

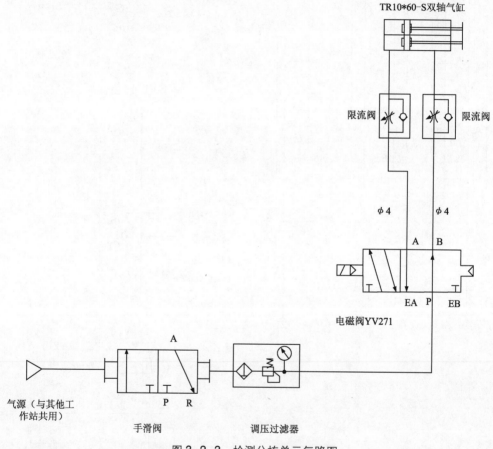

图3-2-3 检测分拣单元气路图

▶ 任务三 程序编写与调试

一、PLC原理示意图

检测分拣单元PLC原理示意图如图3-3-1所示，所采用PLC型号为西门子CPU1214C DC/DC/DC，同时扩展了SM 1233 DC/DC模块。

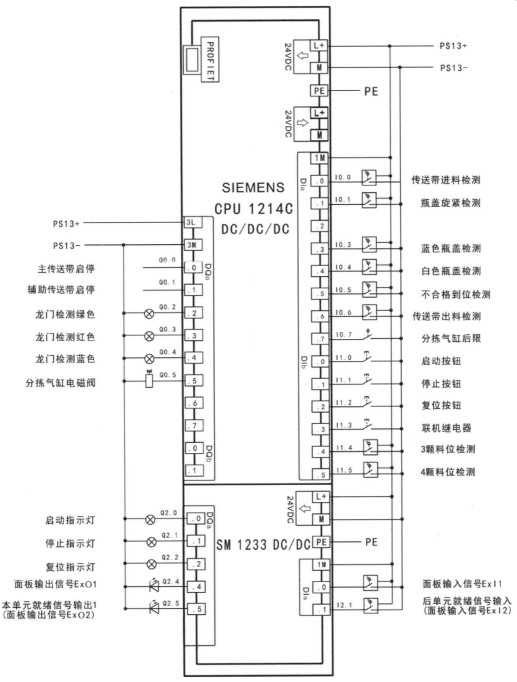

图 3-3-1 检测分拣单元 PLC 原理示意图

二、程序流程图

根据检测分拣单元的项目特点,设计了如图3-3-2所示的主程序、复位、停止部分的流程图。主程序涉及各个程序块在后文均有对应流程图描述。

初始化

停止程序块FB2

主程序OB1
开始

自动运行   联机手动

调用联机手动
程序块FB6

调用通信程序
块FB4

运行指示
块FB5

有复位信号？   N

结束

Y

调用复位程序块FB3

有启动信号？   N

Y

调用启动
程序块FB1

有停止信号？   N

Y

单元停止，调用
停止程序块FB2

有复位信号？   N

Y

复位程序块FB3

开始

复位各个电动机传送带

复位各个执行气缸

各气缸
初始状态   N

Y

结束

停止程序块FB2

开始

各个电动机，气缸停止

结束

图 3-3-2 主程序、复位程序和停止程序块流程图

图 3-3-3 所示的运行指示程序流程图主要是对"运行指示灯"在不同情况下的显示处理。

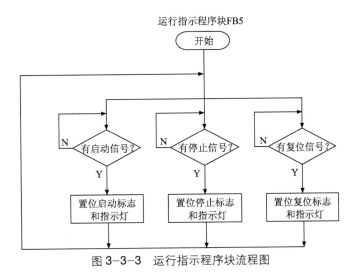

图 3-3-3　运行指示程序块流程图

图 3-3-4 所示给出了启动程序块、通信程序块和联机手动程序块流程图。

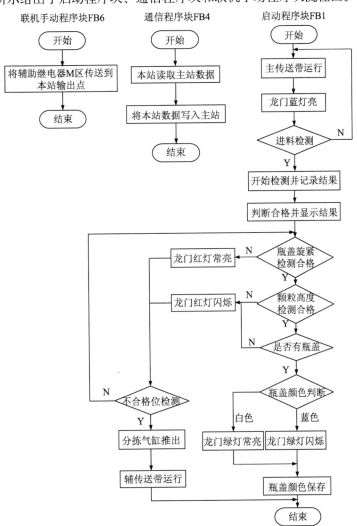

图 3-3-4　启动程序块、通信程序块和联机手动程序块流程图

三、I/O功能分配表

传感器信号占用 11 个输入点，启停等按钮占用 4 个输入点，输出有 2 个控制直流电动机和 3 个指示灯、3 个状态灯、1 个控制气缸和 2 个站间信号输出，如表 3-3-1 所示。

表3-3-1　I/O功能分配表

序号	输入点	信 号 名 称	序号	输出点	信 号 名 称
1	I0.0	进料检测传感器感应到物料	1	Q0.0	主传送带运行
2	I0.2	旋紧检测传感器感应到瓶盖	2	Q0.1	辅传送带运行
3	I0.3	瓶盖检测传感器1有感应	3	Q0.2	龙门灯带绿灯点亮
4	I0.4	瓶盖检测传感器2有感应	4	Q0.3	龙门灯带红灯点亮
5	I0.5	不合格到位传感器感应到物料	5	Q0.4	龙门灯带蓝灯点亮
6	I0.6	出料检测传感器感应到物料	6	Q0.5	分拣气缸伸出
7	I0.7	分拣气缸退回限位感应	7	Q2.0	启动指示灯亮
8	I1.0	按下启动按钮	8	Q2.1	停止指示灯亮
9	I1.1	按下停止按钮	9	Q2.2	复位指示灯亮
10	I1.2	按下复位按钮	10	Q2.4	面板输出信号ExO1(本单元就绪输出1)
11	I1.3	按下联机按钮			
12	I1.4	三颗料位检测			
13	I1.5	四颗料位检测	11	Q2.5	面板输出信号ExO2(本单元就绪输出2)
14	I2.0	面板输入信号ExI1(前单元就绪信号输入)			
15	I2.1	面板输入信号ExI2(后单元就绪信号输入)			

四、接口端板子分配表

为方便接线和故障排查，PLC 与各输入输出设备之间是通过桌面接口板过渡的，检测分拣单元桌面接口板 CN310（37 针接口板）端子分配表如表 3-3-2 所示。

表3-3-2　桌面接口板

接口板 CN310地址	线号	功能描述	接口板 CN310地址	线号	功能描述
XT3-0	I0.0	进料检测传感器	XT2-0	Q0.0	主传送带电机启停
XT3-1	I0.1	旋紧检测传感器	XT2-1	Q0.1	辅传送带电机启停
XT3-3	I0.3	瓶盖检测传感器1	XT2-2	Q0.2	龙门灯带亮绿色
XT3-4	I0.4	瓶盖检测传感器2	XT2-3	Q0.3	龙门灯带亮红色
XT3-5	I0.5	不合格到位检测传感器	XT3-4	Q0.4	龙门灯带亮蓝色
XT3-6	I0.6	出料检测传感器	XT2-5	Q0.5	分拣气缸电磁阀
XT3-7	I0.7	分拣气缸退回限位	XT2-14	Q2.4	本单元就绪输出1
XT3-12	I1.4	三颗料位检测	XT2-15	Q2.5	本单元就绪输出2
XT3-13	I1.5	四颗料位检测	XT1\XT4	PS13+(+24 V)	24 V电源正极
XT3-14	I2.0	前单元就绪信号输入	XT5	PS13-(0 V)	24 V电源负极
XT3-15	I2.1	后单元就绪信号输入			

五、程序设计

编写联机手动 PLC 程序，首先参考 PLC 原理示意图（见图 3-3-1），根据控制要求绘制流程图，然后编写 PLC 程序。图 3-3-5 所示给出了联机程序示例。其他功能块程序请参考随机光盘文件。

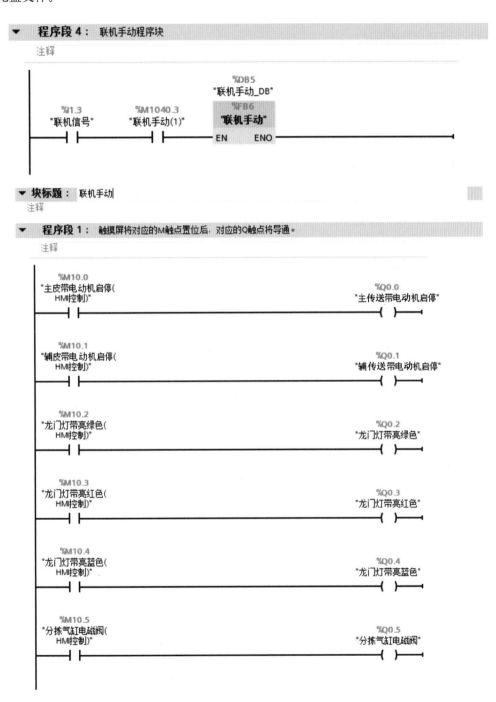

图 3-3-5　通信程序示例

六、调试步骤

1. 上电前检查

参照前面几个单元进行上电检查。接通气路，打开气源，手动控制电磁阀，确认各气缸及传感器的初始状态。

2. 传感器部分的调试

（1）光纤传感器的调试

参照颗粒上料单元相关部分的调试进行。

（2）瓶盖拧紧检测传感器

通过使用小一字螺丝刀可以调整传感器极性和敏感度，本站要求：极性为 D，强度根据实际情况调节，如图 3-3-6 所示，然后调节传感器上下位置，要求安装比正常拧紧的灌装物料高 1mm 左右，确保当拧紧瓶盖的物料瓶通过时未遮挡光路；未拧紧瓶盖的瓶子通过时能够遮挡传感器的反射光路并准确无误动作，并输出信号。

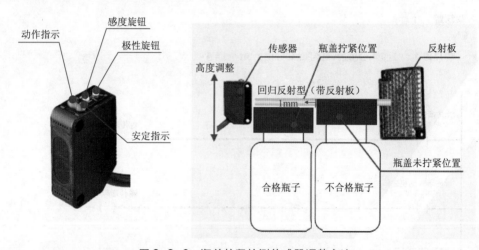

图 3-3-6　瓶盖拧紧检测传感器调整方法

（3）气缸配套磁性开关

磁性开关安装于分拣气缸的后限位，本站要求调节后限位的位置，确保前后限位在气缸收回时能够准确感应到，并输出信号。

（4）调节节流阀

控制进出气大小，调节气缸至最佳运动状态。

（5）多传感器门的调试

当物料瓶经过龙门桥时对其物料数量和瓶盖颜色进行检测，判断结果输给 PLC 进行处理，并由状态指示灯根据处理结果显示不同颜色。光纤 A、B 是两对对射式光纤，检测瓶子里物料的数量，安装时应保证在同一水平上，不能有错位。如果检测有失误请根据情况调整相应的传感器，如图 3-3-7 所示。

瓶盖颜色检测

状态灯带

光纤A接收

光纤B发射

光纤A发射

光纤B接收端

图 3-3-7　多传感器门组成示意图

3. 按钮板部分调试

按钮板部分调试参照颗粒上料单元按钮板调试部分进行。

4. 自动流程的调试

分别将各种状态的物料瓶放到传送带始端，开启设备，自动依次进行瓶盖高度与龙门桥检测；信号被传送给 PLC 处理，合格物料瓶会传送到传送带终端等待机器人的搬运，不合格物料瓶会被气缸分拣到废料传送带上，等待处理；所有检测状态结果均有彩色灯带以不同的颜色显示出来；整个流程应做到运行顺畅、检测准确、动作无失误。

项目四

六轴机器人单元

六轴机器人单元作为机电一体化综合实训考核设备的第四个单元，其主要执行搬运、包装、贴标签的功能，六轴机器人单元整体外观图如图 4-0-1 所示。两个升降台模块存储包装盒和包装盒盖；A 升降台将包装盒推向物料台上；六轴机器人将瓶子抓取放入物料台上的包装盒内；包装盒 4 个工位放满瓶子后，六轴机器人从 B 升降台上吸取盒盖，盖在包装盒上；六轴机器人根据瓶盖的颜色对盒盖上标签位进行分别贴标，贴完 4 个标签等待成品入仓单元入库。

项目描述

进行六轴机器人单元物料台的组装、机器人本体的组装，A 和 B 升降台的组装，完成六轴机器人单元整体安装和调整的任务，并进行单元电路和气路的安装以及单元 PLC 和机器人的编程工作。

图 4-0-1　六轴机器人单元整体外观图

📖 项目目标

①　了解埃夫特机器人系统的机构与功能并掌握机器人夹具的安装；

②　掌握埃夫特机器人示教器的正确使用方法；

③　掌握 A 和 B 升降台和工作台的组装；

④　掌握进行六轴机器人单元电路和气路连接；

⑤　掌握根据任务要求进行 PLC 程序编写和调试。

▶ 任务一　机械构件的组装与调整

一、物料台机构安装

图 4-1-1 所示给出了物料台涉及的各部分组件。

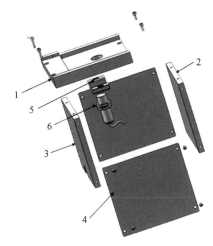

图 4-1-1　物料台零部件

1—物料台顶板；2—物料台前板；3—物料台后板；4—物料台围板；5—传感器固定板；6—传感器

物料台机构组装过程主要由 5 个部分组成，对应操作过程如下。物料台的组装示意图如图 4-1-2 所示。

（1）传感器固定在传感器固定板。

（2）传感器安装在物料台顶板。

（3）安装物料台后板。

（4）安装物料台前板。

（5）安装物料台围板。

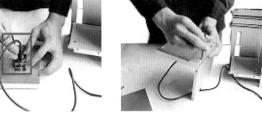

图 4-1-2　物料台的组装示意图

图 4-1-2　物料台的组装示意图（续）

二、A 和 B 升降台的组装

A 和 B 升降台零部件如图 4-1-3 所示。

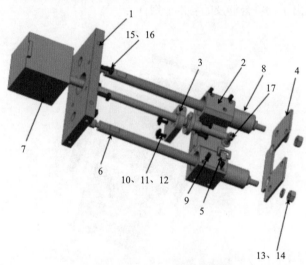

图 4-1-3　A 和 B 升降台零部件

1—升降台顶板；2—直线轴承滑座；3—丝杠螺母安装板；4—导柱固定板；5—感应片；6—圆柱导轨；7—步进电动机；
8—直线轴承；9—M4×5 内六角紧定螺钉；10—M4×18 内六角圆头螺钉；11—Φ4 弹簧垫圈；12—4×8×1 平垫圈；
13—Φ6 弹簧垫圈；14—M6 六角螺母；15—M3×8 内六角圆头螺钉；16—Φ3 弹簧垫圈；17—M4×6 内六角圆头螺钉

A 和 B 升降台机构组装主要由如下 5 部分进行，对应安装示意图如图 4-1-4 所示。

（1）导轨固定板用螺丝固定在升降台底板上。

（2）导柱固定板与圆柱导轨固定在导轨固定板。

（3）直线轴承滑座与丝杆螺丝母安装板连接。

（4）直线轴承滑座安装到圆柱导轨。

（5）步进电动机固定在升降台。

图 4-1-4　A 和 B 升降台的组装示意图

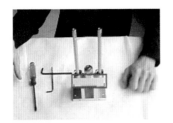

图 4-1-4　A 和 B 升降台的组装示意图（续）

三、整体安装

完成前面几个机构安装后，最终可实现整体安装效果，如图 4-1-5 所示。

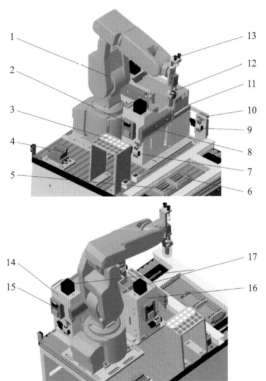

图 4-1-5　搬运包装单元整体安装示意图

1—埃夫特机器人；2、15—端子板；3—标签台；4、7、9—电磁阀；5—37 针端子板；
6—37 针 IO 转换板；8、10—气缸；11—物料台机构；12—夹爪；13—吸盘；
14—升降台 B（盒盖）；16—升降台 B（底盒）；17—步进电动机

▶任务二　电路与气路的连接和操作

一、电路的连接与操作

1. 电路接线图

图 4-2-1 和图 4-2-2 所示给出了六轴机器人单元的接线图。六轴机器人单元和机电一体化综合实训考核设备其他单元不同之处是它多出了一个桌面接口板，其完成机器人与 PLC 之间的连线过渡。

项目四　六轴机器人单元

85

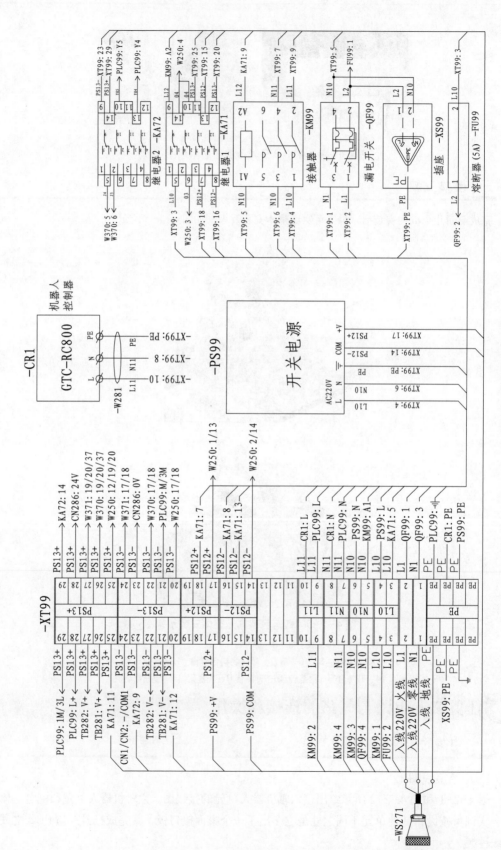

图4-2-1 工业机器人搬运包装单元的模型接线图1

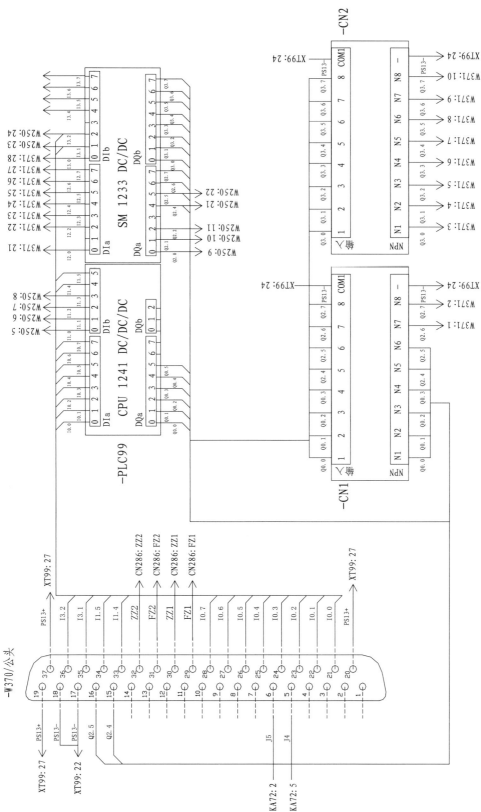

图 4-2-1 工业机器人搬运包装单元的模型接线图 1（续）

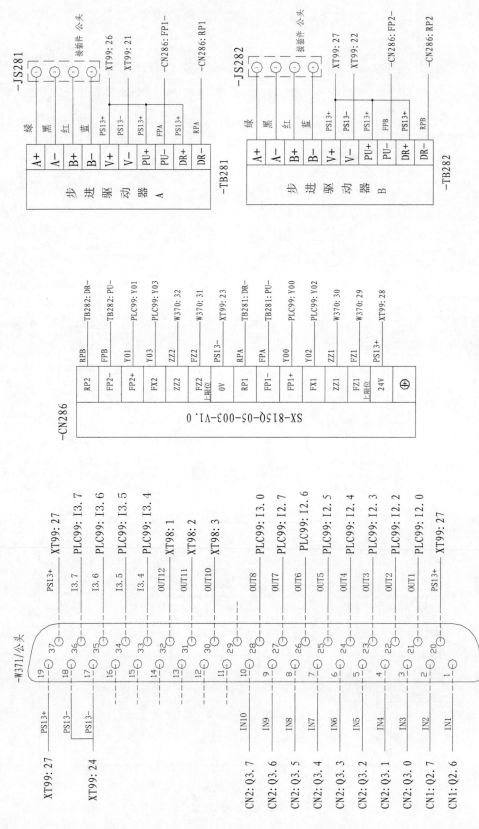

图 4-2-1 工业机器人搬运包装单元的模型接线图 1（续）

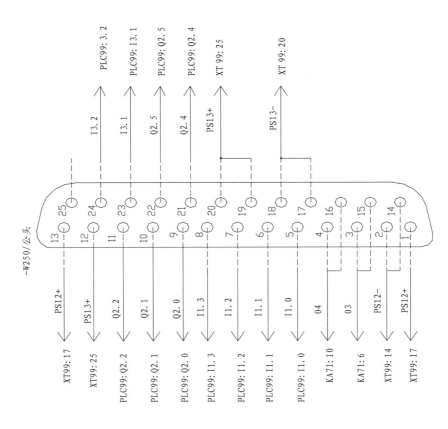

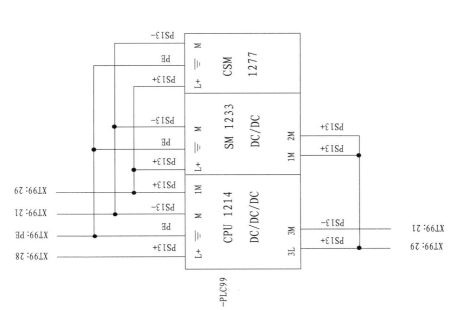

图 4-2-1　工业机器人搬运包装单元的模型接线图 1（续）

图 4-2-2 工业机器人搬运包装单元的模型接线图 2

真空开关 A　-S288
棕 PS13+　CN311-XT4: PS13+
蓝 PS13-　CN311-XT5: PS13-
黑　I3.4　CN311-XT3: 12

真空开关 B　-S289
棕 PS13+　CN311-XT4: PS13+
蓝 PS13-　CN311-XT5: PS13-
黑　I3.5　CN311-XT3: 13

定位气缸缩回限位　-SQ285
蓝 PS13-　CN311-XT5: PS13-
棕　I3.7　CN311-XT3: 15

前单元就绪信号输入　-S2810A
棕 PS13+　CN310: PS13+
蓝 PS13-　CN310: PS13-
黑　I3.1　CN310: 14

后单元就绪信号输入　-S2811A
棕 PS13+　CN310: PS13+
蓝 PS13-　CN310: PS13-
黑　I3.2　CN310: 15

本单元就绪信号输出 1　-S2810B
棕 PS13-　CN310-XT4: PS13-
蓝　Q2.4　CN310-XT2: 14

本单元就绪信号输出 2　-S2811B
棕 PS13-　CN310-XT4: PS13-
蓝　Q2.5　CN310-XT2: 15

CN301 升降模块 B 汇总板
CN331/母头
信号线　PS13+
PS13-

B 升降台原点传感器　-S284
棕 PS13+
蓝 PS13-
黑　I0.3

B 升降台上限位　-SS85
C　NC　黑
蓝　NO　棕　FZB
PS13-　I0.4

B 升降台下限位　-SS86
C　NC　黑
蓝　NO　棕　ZZB
PS13-　I0.5

B 推料气缸前限位　-SQ283
蓝　PS13-
棕　I1.4

B 推料气缸后限位　-SQ284
蓝　PS13-
棕　I1.5

B 堆料气缸电磁阀　-YV282
棕 PS13-　J05
蓝

CN300 升降模块 A 汇总板
CN330/母头
信号线　PS13+
PS13-

A 升降台原点传感器　-S281
棕 PS13+
蓝 PS13-
黑　I0.0

A 升降台上限位　-SS82
C　NC　黑
蓝　NO　棕　FZA
PS13-　I0.1

A 升降台下限位　-SS83
C　NC　黑
蓝　NO　棕　ZZA
PS13-　I0.2

A 推料气缸前限位　-SQ281
蓝　PS13-
棕　I0.6

A 推料气缸后限位　-SQ282
蓝　PS13-
棕　I0.7

A 堆料气缸电磁阀　-YV281
棕 PS13-　J04
蓝

物料台检测传感器　-S287
棕 PS13+
蓝 PS13-
黑　I3.6

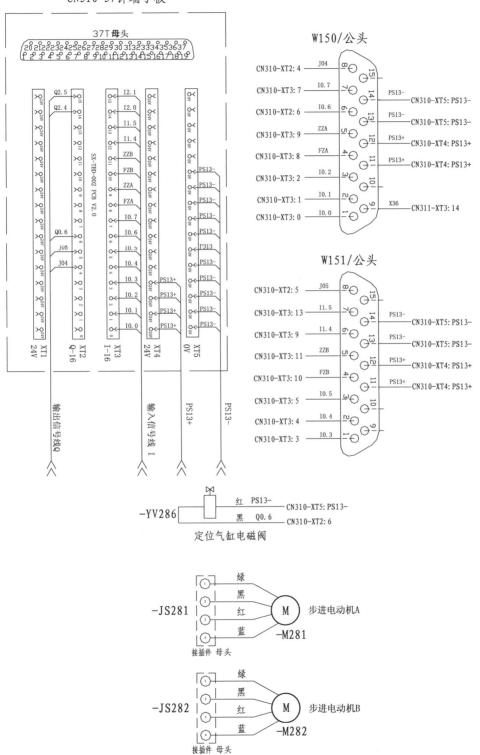

图 4-2-2 工业机器人搬运包装单元的模型接线图 2（续）

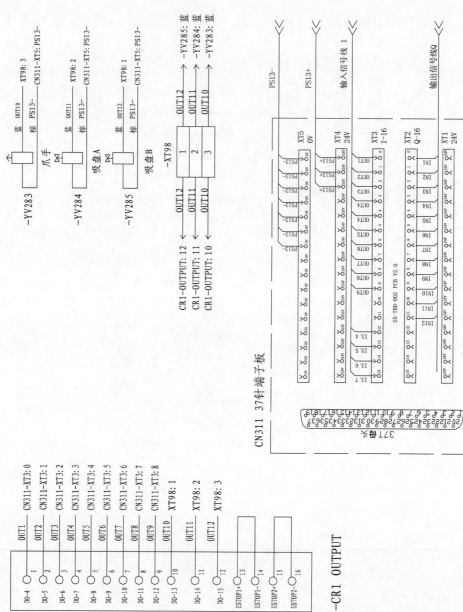

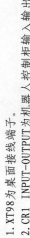

图 4-2-2 工业机器人搬运包装单元的模型接线图 2（续）

说明：

1. XT98 为桌面接线端子。

2. CR1 INPUT-OUTPUT 为机器人控制柜输入输出信号接线端子。

2. 电磁阀的接线

(1) 根据电路图接线，把电磁阀线端插入电磁阀接口，把另一端线 PS13+ 接到桌面接口线路板。

(2) 把 Q0.4、Q0.5、Q0.6 接到桌面接口线路板。

(3) 根据电路图把 Q0.4、Q0.5、Q0.6 接到 PLC 端子。

(4) 接线完成。

3. 光电开关的接线

(1) 找到光电开关线端，根据电路图接线。

(2) 连接 PS13+ 到桌面接口线路板。

(3) 连接 PS13− 到桌面接口线路板。

(4) 根据电路图连接 I3.6 到桌面接口线路板。

(5) 根据电路图连接 I3.6 到 PLC 端子。

(6) 接线完成。

4. 磁性开关的接线

(1) 找到磁性开关线端，根据电路图接线。

(2) 连接 PS13− 到桌面接口线路板。

(3) 根据电路图连接 I0.6、I0.7、I1.4、I1.5、I3.7 到桌面接口线路板。

(4) 根据电路图连接 I0.6、I0.7、I01.4、I1.5、I3.7 到 PLC 端子。

(5) 接线完成。

5. 步进电动机的接线

(1) 连接电动机线。

(2) 将电极线连接到步进驱动器接线端子。

(3) 把接好线的接线端子插入驱动器端子插孔。

(4) 升降 A 的步进驱动器脉冲输如接 PLC "Q0.00"，方向控制接 PLC 的 Q0.1，另外一步进脉冲输入接 Q0.2，方向为 Q0.3。

6. 步进驱动器的接线

(1) 根据电路图接线，连接 0V 到接线端子排。

(2) 连接 24V 到接线端子排。

(3) 连接 1A+ 到接线端子排。

(4) 连接 1A− 到接线端子排。

(5) 连接 1B+ 到接线端子排。

(6) 连接 1B− 到接线端子排。

(7) 把接好线的端子排插入步进驱动器。

(8) 接线完成。

7. 机器人控制器的接线

(1) 将动力线编码器线复合航插两头分别对接机器人本体"电动机动力线航插"和机器人控制器上的"动力线编码器线接口"（见图 4-2-3）。

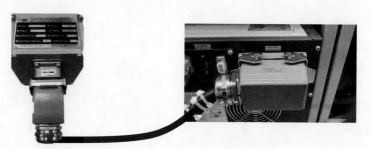

图 4-2-3　机器人本体与控制器连接图

（2）将 220V 电源接线口插入控制器"ACIN"接口（见图 4-2-4）。

图 4-2-4　控制器电源接线图

（3）将手编器的"TB"接头对接到机器人控制器"TB"接口并用手拧紧（见图 4-2-5）。

图 4-2-5　示教器连接

（4）将设备挂板上留出来的手动自动接口，连接到机器人控制器上"CNUSR1"接口（见图 4-2-6）。

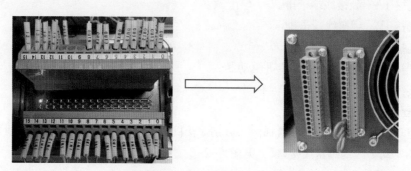

图 4-2-6　输入输出接口连接

（5）机器人控制器连接完成。

8. 线缆的连接

（1）根据线缆图连接线缆，连接 PS13+ 到桌面端子排。

（2）连接 PS13- 到桌面端子排。

（3）找到线缆另一端，连接 PS13- 到挂板端子排。

（4）连接 PS13+ 到挂板端子排。

（5）接线完成。

二、绘制气路连接图

1. 气路原理图

六轴机器人单元气路原理图如图 4-2-7 所示。气爪用于机器人抓取瓶子，而吸盘用于贴标签和搬运盒盖，气缸用于推盖底和定位用。

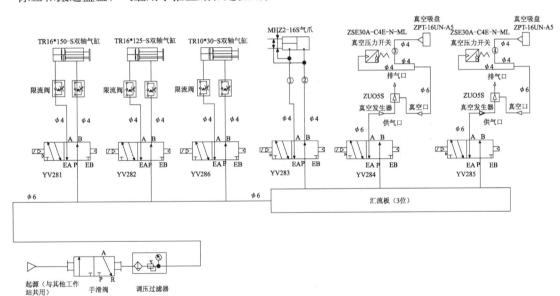

图 4-2-7　气路原理图

2. 电磁阀与气缸的连接

根据气动原理图将 YV281 电磁阀两个工作口，分别用黑色和蓝色气管接到气缸上节流阀位置。一般，气管常通工作口用于控制气缸收回动作，常闭工作口控制气缸推出动作。其他电磁阀与气缸连接方法按照气路图连接，方法相同。

3. 机器人本体气动管路的连接

吸盘夹具上有 4 个气管插孔，对应机器人本体的 4 个气管插孔，机器人本体底部 4 个气管插孔再与电磁阀 4 个插管孔一一连接。

4. 夹具的切换操作

先确定好机器人法兰盘三角形刻度，把吸盘夹具的吸盘方向朝着三角形刻度方向安装。

一、机器人介绍

1. 埃夫特（EFORT）机器人认识

（1）埃夫特（EFORT）机器人总体介绍

埃夫特（EFORT）机器人总体性简要介绍如图 4-3-1 所示。它主要由机器人本体、控制器、示教器等组成。在使用过程中，电池维护保养应注意以下几点：

① 设备需每天通电运行，每次通电不少于 60 min，断电间隔时间最长不要超过 7 天；

② 机器人电池在设备每天 24 h 运行状态下，寿命为 1 年，若设备使用较为频繁，建议每一年更换一次电池。

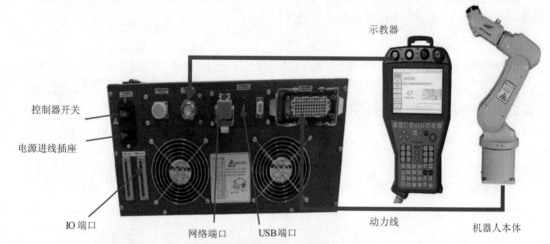

示教器

控制器开关

电源进线插座

IO 端口　　网络端口　　USB 端口　　动力线　　机器人本体

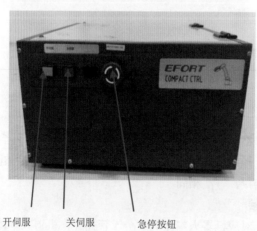

开伺服　　关伺服　　急停按钮

图 4-3-1　埃夫特（EFORT）机器人控制器连接

（2）埃夫特（EFORT）机器人控制器 IO 板介绍

该机器人控制器有标准的 16 位输入输出接口，为低电平有效，24VP 为 24V 的接线端子口，24VG 为 0V 的接线端子口，如图 4-3-2 所示，INPUT 输出端子为 16 位输入接口；OUTPUT 输出端子为 16 位输出接口。

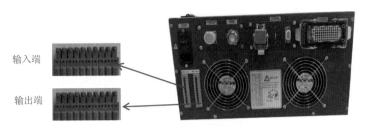

图 4-3-2　机器人控制器 IO 板

2. 埃夫特机器人示教器的使用

（1）手持操作示教器布局图和介绍，如图 4-3-3、图 4-3-4 所示。

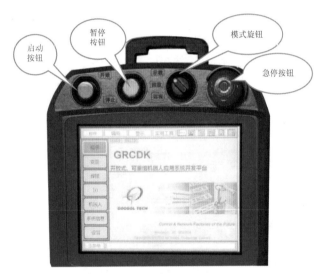

图 4-3-3　示教器操作功能钮部分

项目四　六轴机器人单元

示教器操作功能钮主要由启动按钮、暂停按钮、模式旋钮、急停按钮、三段开关组成。各序号部分功能如表 4-3-1 所示。

表 4-3-1　示教器各部分功能介绍

按　键	功　能
急停按钮	按下此键，伺服电源切断。 切断伺服电源后，手持操作示教器的"伺服准备指示灯"熄灭，屏幕上显示急停信息。故障排除后，可打开急停按钮，急停按钮打开后方可继续接通伺服电源。此按钮按下后将不能打开伺服电源。 打开急停按钮方法：顺时针旋转至急停键弹起，伴随"咔"的声音，此时表示【急停按钮】已打开
模式旋钮	可选择回放模式、示教模式或远程模式。 示教（TEACH）：示教模式。可用手持操作示教器进行轴操作和编辑（在此模式中，外部设备发出的工作信号无效）。 回放（PLAY）：回放模式。可对示教完的程序进行回放运行。 远程（REMOTE）：远程模式。可通过外部 TCP/IP 协议、IO 进行启动示教程序操作

按　键	功　能
启动按钮 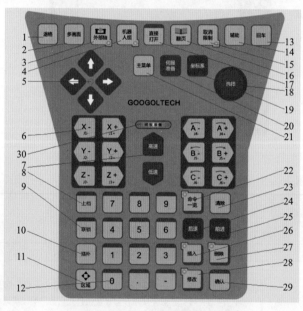(实际为START按钮)	按下此按钮，机器人开始回放运行。 回放模式运行中，此指示灯亮起。 通过专用输入的启动信号使机器人开始回放运行时，此指示灯亮起。 按下此按钮前必须把模式旋钮设定到回放模式；确保手持操作示教器"伺服准备指示灯"亮起
暂停按钮 HOLD	按下此按钮，机器人暂停运行。 此按钮在任何模式下均可使用。 示教模式下：此灯被按下时灯亮，此时机器人不能进行轴操作。 回放模式下：此按钮指示灯按下一次后即可进入暂停模式，此时暂停指示灯亮起，机器人处于暂停状态。按下手持操作示教器上的"启动"按钮，可使机器人继续工作
三段开关	按下此按钮，伺服电源接通。 操作前必须先把模式旋钮设定在示教模式→单击手持操作示教器上"伺服准备"键（"伺服准备指示灯"处于闪烁状态）→轻轻握住三段开关，伺服电源接通（"伺服准备指示灯"处于常亮状态）。此时若用力握紧，则伺服电源切断。 如果不按手持操作示教器上的"伺服准备"键，即使轻握"三段开关"，伺服电源也无法接通

图 4-3-4　示教器按键部分

图 4-3-4 所示的示教器按键各序号对应功能如表 4-3-2 所示。

表 4-3-2　示教器按键部分功能介绍

序　号	按　键	功　能
1	退格 退格	输入字符时，删除最后一个字符

序 号	按 键	功 能
2	多画面 **多画面**	功能组预留
3	外部轴 **外部轴**	按此键时，在焊接工艺中可控制变位机的回转和倾斜。 当需要控制的轴数超过 6 时，按下此键（按钮右下脚的指示灯亮起），此时控制 1 轴即为控制 7 轴，控制 2 轴即为控制 8 轴
4	机器人组 **机器 人组**	功能组预留
5	移动键	按此键时，光标朝箭头方向移动。 此键组必须在示教模式下使用。 根据画面的不同，光标的可移动范围有所不同。 在子菜单和指令列表操作时可打开下一级菜单和返回上一级
6	操作键	对机器人各轴进行操作的键。 此键组必须在示教模式下使用。 可以按住两个或更多的键，操作多个轴。 机器人按照选定坐标系和手动速度运行，在进行轴操作前，请务必确认设定的坐标系和手动速度是否适当。 操作前需确认机器人手持操作示教器上的"伺服准备指示灯"亮起
7	手动速度键 **高速** **低速**	手动操作时，机器人运行速度的设定键。 此键组必须在示教模式下使用。 此时设定的速度在使用轴操作键和回零时有效。 手动速度有 8 个等级：微动 1%、微动 2%、低 5%、低 10%、中 25%、中 50%、高 75%、高 100%。 高速：微动 1%→微动 2%→低 5%→低 10%→中 25%→中 50%→高 75%→高 100%。 低速：高 100%→高 75%→中 50%→中 25%→低 10%→低 5%→微动 2%→微动 1%。 被设定的速度显示在状态区域
8	上档 **上档**	可与其他键同时使用。 此键必须在示教模式下使用。 "上档"+"联锁"+"清除"可退出机器人控制软件进入操作系统界面。 "上档"+"2"可实现在程序内容界面下查看运动指令的位置信息，再次按下可退出指令查看功能。 "上档"+"4"可实现机器人 YZ 平面自动平齐。 "上档"+"5"可实现机器人 XZ 平面自动平齐。 "上档"+"6"可实现机器人 XY 平面自动平齐。 "上档"+"9"可实现机器人快速回零位。 "上档"+"翻页"可实现在选择程序和程序内容界面返回上一页

项目四 六轴机器人单元

序 号	按 键	功 能
9	联锁 **联锁**	辅助键，与其他键同时使用。 此键必须在示教模式下使用。 "联锁"+"前进" 在程序内容界面下按照示教的程序点轨迹进行连续检查。 在位置型变量界面下实现位置型变量检查功能，具体操作见位置型变量。 "上档"+"联锁"+"清除"可推出程序
10	插补 **插补**	机器人运动插补方式的切换键。 此键必须在示教模式下使用。 每按一次此键，插补方式按如下变化： MOVJ → MOVL → MOVC → MOVP → MOVS
11	区域 **区域**	按下此键，选中区在"主菜单区"和"通用显示区"间切换。 此键必须在示教模式下使用
12	数字按键 7 8 9 4 5 6 1 2 3 0 . -	按数值键可输入键的数值和符号。 此键组必须在示教模式下使用。 "."是小数点，"-"是减号或连字符
13	回车 **回车**	在操作系统中，按下此键表示确认的作用，能够进入选择的文件夹或打开选定的文件
14	辅助 **辅助**	功能预留
15	取消限制 **取消限制**	运动范围超出限制时，取消范围限制，使机器人继续运动。 此键必须在示教模式下使用。 取消限制有效时，按钮右下角的指示灯亮起，当运动至范围内时，灯自动熄灭。 若取消限制后仍存在报警信息，请在指示灯亮起的情况下按下"清除"键，待运动到范围限制内继续下一步操作
16	翻页 **翻页**	按下此键，实现在选择程序和程序内容界面翻页。 此键必须在示教模式下使用
17	直接打开 **直接打开**	在程序内容页，直接打开可直接查看运动指令的示教点信息。 此键必须在示教模式下使用
18	选择 **选择**	软件界面菜单操作时，可选中"主菜单""子菜单"。 指令列表操作时，可选中指令。 此键必须在示教模式下使用

序　号	按　　键	功　　能
19	坐标系	手动操作时，机器人的动作坐标系选择键。 此键必须在示教模式下使用。 可在关节、机器人、世界、工件、工具坐标系中切换选择。此键每按一次，坐标系按以下顺序变化： 关节→机器人→世界→工具→工件1→工件2被选中的坐标系显示在状态区域
20	伺服准备	按下此键，伺服电源有效接通。 由于急停等原因伺服电源被切断后，用此键有效地接通伺服电源。 回放模式和远程模式时，按下此键后，"伺服准备指示灯"亮起，伺服电源被接通。 示教模式时，按下此键后，"伺服准备指示灯"闪烁，此时轻握手持操作示教器上"三段开关"，"伺服准备指示灯"亮起，表示伺服电源接通
21	主菜单	显示主菜单。 此键必须在示教模式下使用
22	命令一览	按此键后显示可输入的指令列表。 此键必须在示教模式下使用。 此键使用前必须先进入程序内容界面
23	清除	清除"人机交互信息"区域的报警信息。 此键必须在示教模式下使用
24	后退	按住此键时，机器人按示教的程序点轨迹逆向运行。 此键必须在示教模式下使用
25	前进	伺服电源接通状态下，按住此键时，机器人按示教的程序点轨迹单步运行。 此键必须在示教模式下使用。 同时按下"联锁"+"前进"时，机器人按示教的程序点轨迹连续运行
26	插入	按下此键，可插入新程序点。 此键必须在示教模式下使用。 按下此键，按键左上侧指示灯点亮起，按下"确认"键，插入完成，指示灯熄灭
27	删除	按下此键，删除已输入的程序点
28	修改	按下此键，删除已输入的程序点。 此键必须在示教模式下使用。 按下此键，按键左上侧指示灯点亮起，按下"确认"键，删除完成，指示灯熄灭

序　号	按　　键	功　　能
29	确认 确认	配合"插入""删除""修改"按键使用。 此键必须在示教模式下使用。 当"插入""删除""修改"指示灯亮起时，按下此键完成插入、删除、修改等操作的确认
30	伺服准备指示灯 伺服准备	"伺服准备"按钮的指示灯。 在示教模式下，单击"伺服准备"按钮，此时指示灯会闪烁。轻握"三段开关"后，指示灯会亮起，表示伺服电源接通。 在回放和远程模式下，单击"伺服准备"按钮，此灯会亮起，表示伺服电源接通

3. 机器人编程基本指令

(1) IO 指令

① DOUT：IO 输出点复位或者置位。

例：DOUT DO= 1.1 VALUE=1

解析：表示把一组远程 IO 输出模块第二个输出点，位值设置为 1。

② WAIT：等待 IO 输入点信号。

例：WAIT DI= 1.1 VALUE=0

解析：表示等待第一组远程 IO 输入模块的第二个输入点值为 0。

(2) 控制指令

① TIMER：延时子程序。

例：TIMER T= 1000

解析：表示延时 1000 ms。

② CALL：调用子程序指令。

例：CALL PROG= 1

解析：表示要调用程序文件名字为 1 的子程序。

③ IF…ELSE：判断语句。

例：IF I=001 EQ I=002 THEN
　　程序 1
　　ELSE
　　程序 2
　　END_IF

解析：表示如果判断要素 1（整型变量 I001）与判断要素 2（整型变量 I002）相等，则执行程序 1，否则执行程序 2。

④ WHILE：条件满足的情况下，进入循环，条件不满足时退出循环。

例：WHILE I=001 EQ I=002 DO
　　程序
　　END_WHILE

解析：当判断要素 1（整型变量 I001）等于判断要素 2（整型变量 I002）时，执行程序，否则退出循环。

（3）移动 1 指令

① MOVJ：关节插补方式移动至目标。

例：MOVJ P=1 V=25 BL=100 VBL=0

解析：关节插补方式移动至目标位置 P，P 点是在位置型变量提前示教好的位置点 1。

② MOVL：直线插补方式移动至目标位置。对速度要求不高而轨迹要求较高时使用，例如：弧焊行业。

例：MOVL P=1 V=25 BL=100　VBL=0

解析：直线插补方式移动至目标位置 P，P 点是在位置型变量提前示教好的位置点 1。

（4）移动 2 指令

① SPEED：调整本条语句后面的运动指令的速率。

例：SPEED SP= 70

解析：表示整体速率调整至 70%。

② DYN：调整本条语句后面的运动指令的加速度、减速度、加减速时间。

例：DYN ACC= 60 DCC= 60 J= 50

解析：表示本条语句后面的运动指令的加速度百分比设置为 60%，减速度百分比设置为 60%，加减速时间设置为 50 ms。

（5）演算指令

① INC：把指定变量值加 1。

例：INC　I=001

解析：把整型变量 I001 加 1，结果存放在 I001 中。

② SET：把数据 2 赋值给数据 1。

例：SET　B=001 B=002

解析：把布尔型变量 B002 的值，存放在布尔型变量 B001。

二、机器人编程

1. 制定工艺流程图

图 4-3-5 所示给出了六轴机器人单元机器人工作时的工艺流程图。

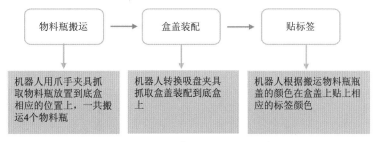

图 4-3-5　机器人搬运和包装工艺流程图

2. 确定运动轨迹分布图和示教点

（1）瓶搬运运动轨迹

瓶搬运运动轨迹，如图 4-3-6 所示。

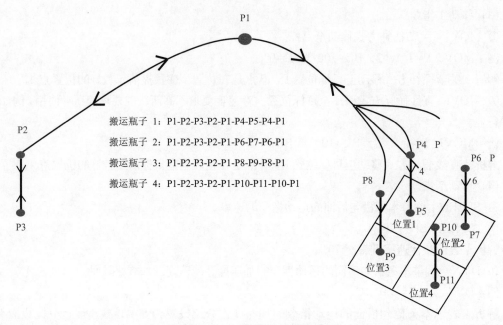

图 4-3-6　瓶搬运运动轨迹图

（2）盒盖搬运运动轨迹

盒盖搬运运动轨迹如图 4-3-7 所示，轨迹点路径为：P500-P12-P13-P12-P14-P15-P14-P500。

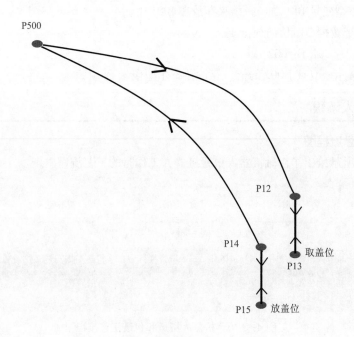

图 4-3-7　盒盖搬运运动轨迹图

（3）标签搬运运动轨迹

标签搬运运动轨迹，如图 4-3-8 所示。

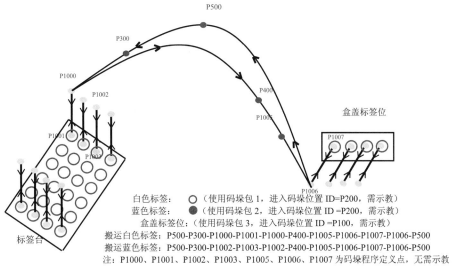

白色标签： ○ （使用码垛包 1，进入码垛位置 ID=P200，需示教）
蓝色标签： ● （使用码垛包 2，进入码垛位置 ID =P200，需示教）
盒盖标签位：（使用码垛包 3，进入码垛位置 ID =P100，需示教）
搬运白色标签：P500-P300-P1000-P1001-P1000-P400-P1005-P1006-P1007-P1006-P500
搬运蓝色标签：P500-P300-P1002-P1003-P1002-P400-P1005-P1006-P1007-P1006-P500
注：P1000、P1001、P1002、P1003、P1005、P1006、P1007 为码垛程序定义点，无需示教

图 4-3-8 标签搬运运动轨迹

3. 设计程序流程图

图 4-3-9 所示给出了机器人进行工艺要求程序设计流程图。

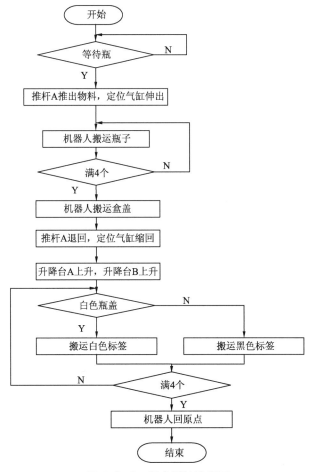

图 4-3-9 程序设计流程图

4. 机器人 I/O 地址分配表

（1）配置机器人系统 I/O 地址

表 4-3-3 所示给出了机器人系统的 I/O 地址使用情况，通过此表，可方便地进行机器人程序编写。

表 4-3-3　机器人系统 I/O 地址

序　号	机器人 IO	系统 IO 注释	备　注
1	DI0.4	伺服使能	机器人伺服上电
2	DI0.5	远程示教文件	调用机器人主程序
3	DI0.6	程序暂停	机器人暂停运行
4	DI0.7	程序结束	机器人停止运行
5	DI0.8	程序继续	机器人继续运行
6	DO0.6	远程模式状态	机器人处于远程模式状态

（2）PLC 与机器人 I/O 分配表

机器人控制器 I/O 表（PLC 的输出接机器人的输入；PLC 的输入接机器人的输出）如表 4-3-4 所示。

表 4-3-4　PLC 与机器人 I/O 分配表

控制器 I/O 接口 INPUT				控制器 I/O 接口 OUTPUT			
I/O 板接口	号码管	示教器	PLC 接口	I/O 板接口	号码管	示教器	PLC 接口
1	IN1	DI0.4	Q2.6	1	OUT1	DO0.4	I2.0
2	IN2	DI0.5	Q2.7	2	OUT2	DO0.5	I2.2
3	IN3	DI0.6	Q3.0	3	OUT3	DO0.6	I2.3
4	IN4	DI0.7	Q3.1	4	OUT4	DO0.7	I2.4
5	IN5	DI0.8	Q3.2	5	OUT5	DO0.8	I2.5
6	IN6	DI0.9	Q3.3	6	OUT6	DO0.9	I2.6
7	IN7	DI0.10	Q3.4	7	OUT7	DO0.10	I2.7
8	IN8	DI0.11	Q3.5	8	OUT8	DO0.11	I3.0
9	IN9	DI0.12	Q3.6	9	OUT9	DO0.12	
10	IN10	DI0.13	Q3.7	10	OUT10	DO0.13	气爪
11	IN11	DI0.14		11	OUT11	DO0.14	吸盘 A
12	IN12	DI0.15		12	OUT12	DO0.15	吸盘 B

5. 机器人调试

（1）检查机器人、控制器线路连接

检查机器人、控制器线路连接，如图 4-3-10 所示。

图 4-3-10　机器人配线

（2）系统输入／输出与 IO 信号的关联

系统输入／输出与 IO 信号的关联，如表 4-3-5 所示。

表 4-3-5　系统输入／输出与 IO 信号关联情况

序　号	机器人 IO	系统 IO 注释
1	IN1	伺服使能
2	IN2	远程示教文件
3	IN3	程序暂停
4	IN4	程序结束
5	IN5	程序继续
6	OUT1	底盒缺料
7	OUT2	远程模式状态
8	OUT3	回到原点位置
9	OUT4	搬运瓶子完成一次
10	OUT5	搬运盖完成

将数字输入／输出信号与系统的控制信号关联起来，就可以对系统进行控制，其具体设置可参考埃夫特 C60 型机器人操作说明书。

▶ 任务四　PLC程序编写与调试

一、PLC 原理示意图

检测分拣单元 PLC 原理示意图如图 4-4-1 所示，所采用 PLC 型号为西门子 CPU 1214C DC/DC/DC，同时扩展了 SM 1233 DC/DC 模块。

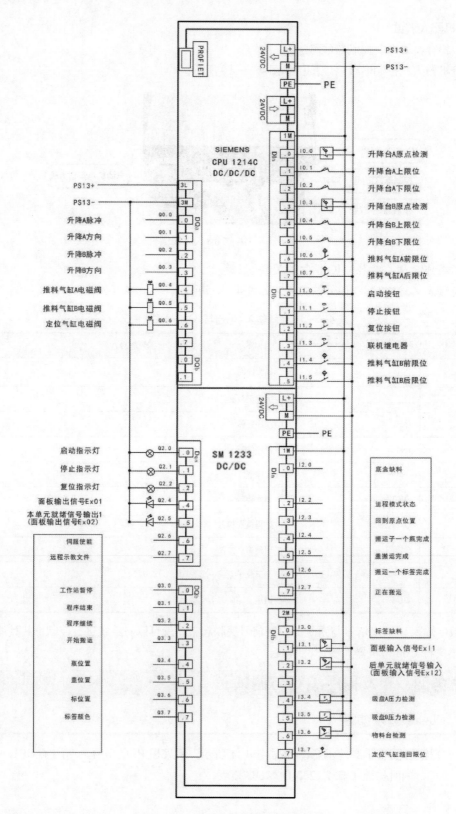

图 4-4-1　PLC 基本原理图示意图

二、程序流程图

图 4-4-2 所示给出了主程序块、复位程序块 F2、停止程序块 FB4、通信程序块 FB6 这 4 部分功能程序流程图，主程序块中所包含的其他程序块将在图 4-4-3 所示进行说明。

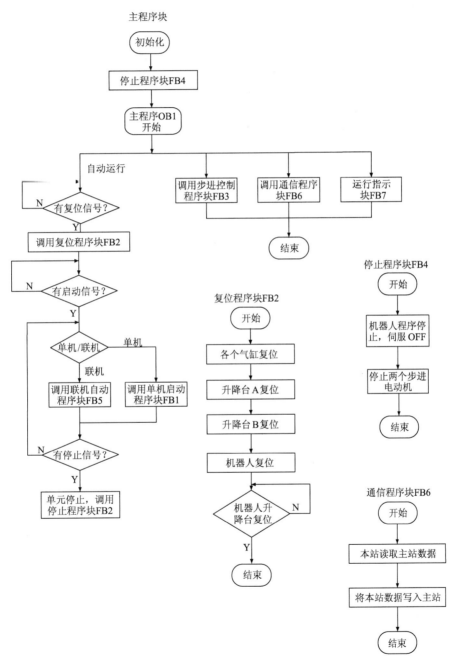

图 4-4-2　主程序、复位程序、停止程序、通信程序流程图

图 4-4-3 所示为联机自动程序块 FB5、运行指示程序块 FB7 和步进电动机控制程序块 FB3 对应的流程图。

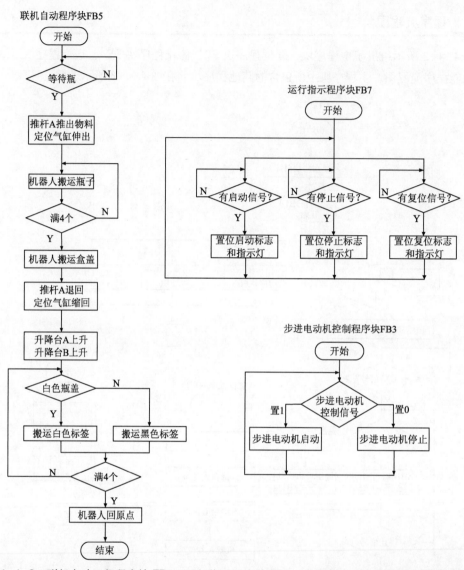

图 4-4-3　联机自动运行程序块 FB5、运行指示程序块 FB7、步进电动机控制程序块 FB3 流程图

三、PLC I/O 功能分配表

传感器信号占用 11 个输入点，启停等按钮占用 4 个输入点，输出有 2 个控制直流电动机和 3 个指示灯、3 个状态灯、1 个控制气缸和 2 个站间信号输出，如表 4-4-1 所示。

表 4-4-1

序号	I 点	信号名称	序号	Q 点	信号名称
1	I0.0	升降台 A 运动到原点	1	Q0.0	给升降台 A 脉冲
2	I0.1	升降台 A 碰撞上限	2	Q0.1	给升降台 B 脉冲
3	I0.2	升降台 A 碰撞下限	3	Q0.2	改变升降台 A 方向
4	I0.3	升降台 B 运动到原点	4	Q0.3	改变升降台 B 方向
5	I0.4	升降台 B 碰撞上限	5	Q0.4	升降台气缸 A 伸出

序号	I点	信号名称	序号	Q点	信号名称
6	I0.5	升降台B碰撞下限	6	Q0.5	升降台气缸B伸出
7	I0.6	推料气缸A伸出	7	Q0.6	定位气缸伸出
8	I0.7	推料气缸A缩回	8	Q2.0	启动指示灯亮
9	I1.0	按下启动按钮	9	Q2.1	停止指示灯亮
10	I1.1	按下停止按钮	10	Q2.2	复位指示灯亮
11	I1.2	按下复位按钮	11	Q2.4	面板输出信号ExO1（本单元就绪输出1）
12	I1.3	按下联机按钮			
13	I1.4	推料气缸B伸出	12	Q2.5	面板输出信号ExO2（本单元就绪输出2）
14	I1.5	推料气缸B缩回			
15	I3.1	面板输入信号ExI1（前单元就绪信号输入）	13	Q2.6	伺服使能
16	I3.2	面板输入信号ExI2（后单元就绪信号输入）	14	Q2.7	远程示教文件
17	I2.0	底盒缺料	15	Q3.0	程序暂停
18	I2.2	远程模式状态	16	Q3.1	程序结束
19	I2.3	回到原点位置	17	Q3.2	程序继续
20	I2.4	搬运瓶子完成一次	18	Q3.3	机器人开始搬运
21	I2.5	搬运盖完成	19	Q3.4	机器人搬运瓶子
22	I2.6	搬运签完成一次	20	Q3.5	机器人搬运盒盖
23	I2.7	正在搬运	21	Q3.6	机器人搬运标签
24	I3.0	标签缺料	22	Q3.7	标签颜色选择
25	I3.4	吸盘A有效			
26	I3.5	吸盘B有效			
27	I3.6	物料台有物料			
28	I3.7	定位气缸缩回			

四、接口板端子分配表

为方便接线和故障排查，PLC与各输入输出设备之间是通过桌面接口板过渡的，本单元采用了两个桌面接口板（37针接口板），编号为CN310和CN311，端子分配表分别如表4-4-2和表4-4-3所示。

表4-4-2 CN310端子分配表

接口板CN310地址	线 号	功能描述
XT3-0	I0.0	升降台A原点原感器
XT3-1	I0.1	升降台A上限位（常闭）
XT3-2	I0.2	升降台A下限位（常闭）
XT3-3	I0.3	升降台B原点原感器
XT3-4	I0.4	升降台B上限位（常闭）
XT3-5	I0.5	升降台B下限位（常闭）
XT3-6	I0.6	推料气缸A前限位

接口板 CN310 地址	线 号	功能描述
XT3-7	I0.7	推料气缸 A 后限位
XT3-8	FZA	升降台 A 上限位（常开）
XT3-9	ZZA	升降台 A 下限位（常开）
XT3-10	FZB	升降台 B 上限位（常开）
XT3-11	ZZB	升降台 B 下限位（常开）
XT3-12	I1.4	推料气缸 B 前限位
XT3-13	I1.5	推料气缸 B 后限位
XT3-14	I3.1	前单元就绪信号输入
XT3-15	I3.2	后单元就绪信号输入
XT2-4	J04	升降台气缸 A 控制
XT2-5	J05	升降台气缸 B 控制
XT2-6	Q0.6	定位气缸电磁阀
XT2-14	Q2.4	本单元就绪输出 1
XT2-15	Q2.5	本单元就绪输出 2
XT1\XT4	PS13+(+24V)	24V 电源正极
XT5	PS13-(0V)	24V 电源负极

表 4-4-3　CN311 端子分配表

接口板 CN311 地址	线 号	功能描述	接口板 CN311 地址	线 号	功能描述
XT3-0	OUT1	底盒缺料	XT2-1	IN2	远程示教文件
XT3-1	OUT2	远程模式状态	XT2-2	IN3	程序暂停
XT3-2	OUT3	回到原点位置	XT2-3	IN4	程序结束
XT3-3	OUT4	搬运瓶子完成一次	XT2-4	IN5	程序继续
XT3-4	OUT5	搬运盖完成	XT2-5	IN6	机器人开始搬运
XT3-5	OUT6	搬运签完成一次	XT2-6	IN7	机器人搬运瓶子
XT3-6	OUT7	正在搬运	XT2-7	IN8	机器人搬运盒盖
XT3-7	OUT8	标签缺料	XT2-8	IN9	机器人搬运标签
XT3-8	OUT9	预留	XT2-9	IN10	标签颜色选择
XT3-9	OUT10	预留	XT2-10	IN11	预留
XT3-10	OUT11	预留	XT2-11	IN12	预留
XT3-11	OUT12	预留	XT2-12	IN13	预留
XT3-12	I3.4	真空开关 A	XT2-13	IN14	预留
XT3-13	I3.5	真空开关 B	XT2-14	IN15	预留
XT3-14	I3.6	物料台传感器	XT2-15	IN16	预留
XT3-15	I3.7	定位气缸后限	XT1\XT5	PS13-(0V)	24V 电源负极
XT2-0	IN1	伺服使能	XT4	PS13+(24V)	24V 电源正极

五、程序设计

编写联机手动调试步进电动机 PLC 程序，首先参考 PLC 原理示意图如图 4-4-1 所示，根据控制要求编写 PLC 程序。图 4-4-4 所示给出了手动调试步进电动机 PLC 程序。其他功能块程序参考随书光盘文件。

程序段 3: 联机手动调试电动机程序块

注释

▼ 块标题: 联机手动调试电动机
注释

▼ 程序段 1: 当M20.5和M20.0的状态为1时,工艺对象"轴A"将使能启动.
注释

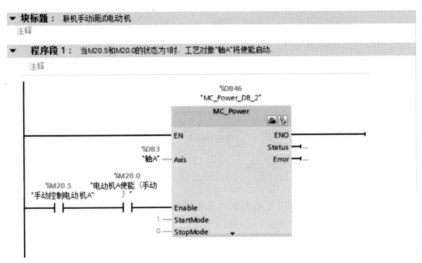

▼ 程序段 2: 以点动方式控制轴A. MW30里的数值为电动机转速.当M20.1置1时电动机将正转.当M20.6置1时...
注释

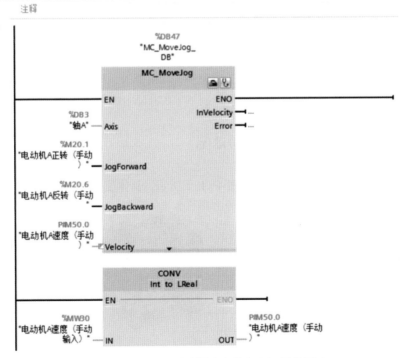

图 4-4-4 手动调试步进电动机 PLC 程序

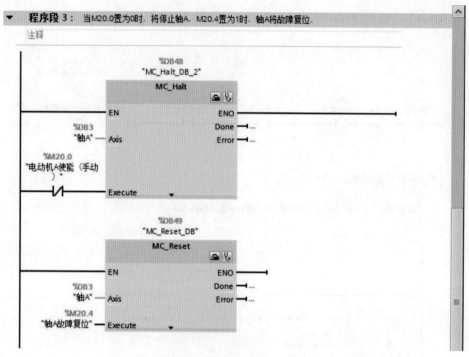

图 4-4-4　手动调试步进电动机 PLC 程序（续）

六、调试步骤

1. 上电前检查

参照前面几个单元进行上电检查。接通气路，打开气源，手动控制电磁阀，确认各气缸及传感器的原始状态。

2. 执行器件调试

执行器件主要包括步进驱动、气动驱动、压力开关和机器人。气动驱动主要由两位五通电磁阀控制双轴气缸和吸盘；其中步进驱动用于控制 A、B 升降台的升降。

（1）气动件的调试

气动件的调试参照颗粒上料单元相关部分进行。

（2）压力开关调试

本单元使用了两个压力开关，其面板如图 4-4-5 所示。具体使用方法请参考对应说明书。

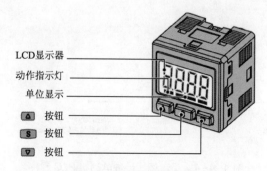

图 4-4-5　压力开关面板

LCD 显示：显示现在的压力状态、设定模式的状态、已选择的显示单位、错误代码。通常可以是红色或绿色的单色显示，也可以根据输出的动作由绿色变成红色，或由红色切换为绿色，共 4 种显示方法可以选择。

动作指示灯（绿（OUT1），红（OUT2））：显示两路输出开关的动作状况。

单位显示：显示当前的单位规格（显示单位仅有 kPa、MPa）。

△ 按钮：增加模式以及 ON/OFF 的设定值。转换到峰值显示模式时使用。

▽ 按钮：减少模式以及 ON/OFF 的设定值。转换到谷值显示模式时使用。

S 按钮：各模式的变更以及确定设定值时使用。

需要进行的参数设置如表 4-4-4 所示。

表 4-4-4　压力开关参数设置项

参　数	设　定　值
显示值校正	0%
输出 1（OUT1）模式	迟滞模式，常开
输出 2（OUT2）模式	迟滞模式，常开
迟滞值	2
压力设定值	50%（根据实际情况调整）
颜色切换设定	输出是显示红色，不输出是显示绿色（根据需要设定）
按键锁定	OFF

3. 步进系统的调试

该驱动部分需要利用 PLC 和计算机进行电路测试，主要测试线路连接 I/O 的正确与否，以及步进电动机等执行机构的手动工作情况，从而设置合适的参数。步进电动机驱动器外型图如图 4-4-6 所示。

脉冲
方向
拨码设置
电源
电动机接线

图 4-4-6　步进电动机驱动器外型图

步进电动机驱动器各端子接口定义如表 4-4-5 所示。

表 4-4-5　步进电动机驱动器各端子接口定义

标记符号	功　能	注　释
POWER/ALARM	电源、报警指示灯	绿色：电源指示灯 / 红色：故障指示灯
PU	步进脉冲信号	下降沿有效，每当脉冲由高低变化时，电动机走一步
DR	步进方向信号	用于改变电动机转向
MF	电动机释放信号	低电平时，关断电动机线圈电流，驱动器停止工作

标记符号	功 能	注 释
+A	电动机接线	红色
−A		绿色
+B		蓝色
−B		黄色
+V	电源正极	DC20V−50V
−V	电源负极	
SW1−SW3	电动机电流设置	ON：1
		OFF：0
SW4	全流锁机	ON：1
	半流锁机	OFF：0
SW5−SW8	电动机细分数设置	ON：1
		OFF：0

利用辅助点观察步进电动机的正反转；若步进电动机没有动作，观察 Q0.0 或 Q0.1 是否有输出，若有输出，检查线路；闭合 X13，利用辅助点控制继电器的工作从而控制电磁阀；手动触发执行机构上的传感器或开关，观察人机界面相关 PLC 输入端口的变化情况，如 EE−SX951−W 光电开关和 SS−5GL2 微动开关等信号。

4. 传感器调试

（1）槽型光电传感器

EE−SX951−W 光电开关安装于升降台内部，用于判别升降台原点信号。当有物体从传感器中间经过时，传感器便有输出，如图 4−4−7 所示。

（2）圆柱形光电传感器

安装于物料台上圆柱形光电传感器，用于检测物料台上是否有物料（盒底）。传感器安装时不要超过物料台平面的高度，安装效果示意图如图 4−4−8 所示。

图 4−4−7　槽型光电开关动作示意图　　　图 4−4−8　圆柱形光电开关安装效果示意图

机电一体化设备安装与调试

项目五

物料存储单元

物料存储单元是 815Q 机电一体化综合实训考核设备的最后的一个单元，主要利用伺服驱动器控制伺服电动机，进而实现堆垛机准确地将目标（包装盒子）放入仓位中。该单元由一个弧形立体仓库和两轴伺服堆垛模块组成，堆垛机模块把机器人单元物料台上的包装盒体吸取出来，然后按要求依次放入立体仓库相应仓位。2×3 的立体仓库每个仓位均安装一个检测传感器。堆垛机构水平轴为一个精密装盘机构，垂直机构为涡轮丝杆升降机构，均由精密伺服电动机进行高精度控制。物料存储单元实体图如图 5-0-1 所示。

📝 项目描述

物料存储单元的机械构件主要包含弧形立体仓库、堆垛机、触摸屏等装置。首先根据部件的结构图完成智能物料存储单元整体安装和调整；其次根据电路原理图和气路原理图，对设备的电路和气路按照工艺要求进行连接和组装，进而为后续设备编程、调试提供条件。最后根据设备运行的要求，编写 PLC 程

图 5-0-1　物料存储单元实体图

序，并且进行调试，使其能够正常运行。

项目目标

① 掌握弧形立体仓库、堆垛机、触摸屏的组装；

② 会进行物料存储单元整体安装和调整；

③ 会进行物料存储电路和气路连接；

④ 学会触摸屏制作软件操作；

⑤ 会编制输入输出分配表；

⑥ 会编写程序并下载调试。

▶ 任务一　机械构件的组装与调整

一、弧形立体仓库的组装

弧形立体仓库的零件组成图如图 5-1-1 所示。

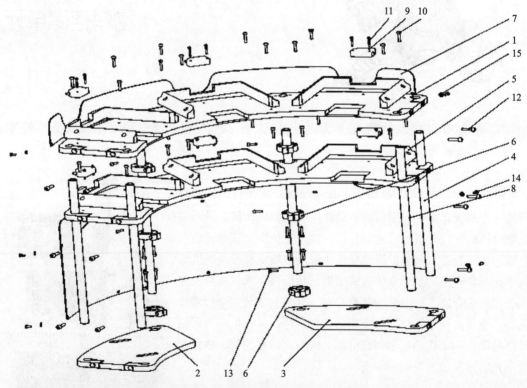

图 5-1-1　弧形立体仓库零件组成图

1—仓库层板；2—安装层板 A；3—安装层板 B；4—立柱；5—盒子仓位；6—固定件；7—围板；8—下围板；9—光电开关；10—M3×16 不锈钢内六角圆柱头螺钉；11—M2×16 不锈钢内六角圆柱头螺钉；12—M4×15 不锈钢内六角圆柱头螺钉；13—M3×10 不锈钢内六角圆柱头螺钉；14—M3×6 不锈钢内六角圆柱头螺钉；15—D3 不锈钢

弧形立体仓库的实体图如图 5-1-2 所示。

图 5-1-2　弧形立体仓库实体图

　　弧形立体仓库的结构和工艺非常简单，因此组装工序介绍省略。组装过程完全可以参考零部件图进行。

二、堆垛机的组装

1. 堆垛机的垂直移动机构

堆垛机的垂直移动机构的结构如图 5-1-3 所示。

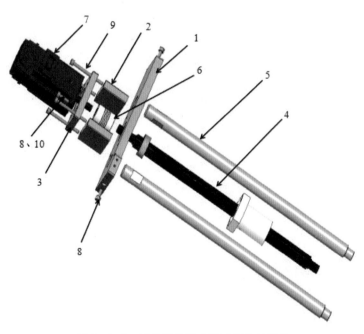

图 5-1-3　堆垛机的垂直移动机构的结构

1—升降固定板；2—垫高板；3—电动机安装板；4—滚珠丝杠副；5—导杆；6—联轴器；7—伺服电动机；8—M4×14 不锈钢内六角圆柱头螺钉；9—M4×45 不锈钢内六角圆柱头螺钉；10—φ4.1mm 不锈钢弹簧垫圈

堆垛机的垂直移动机构组装工序如下：

① 先将伺服电动机安装在电动机安装板上，再把联轴器 6 一端与电板转轴连接。

② 将垫高板 2、升降固定板 1 与电动机安装如图 5-1-3 所示，用螺钉固定好。

③ 将滚珠丝杠副 4 及导杆 5 安装到升降固定板 1 上，滚珠丝杠副 4 一端与联轴器 6 相连固定。

2. 堆垛机的托盘机构

堆垛机的托盘结构如图 5-1-4 所示。

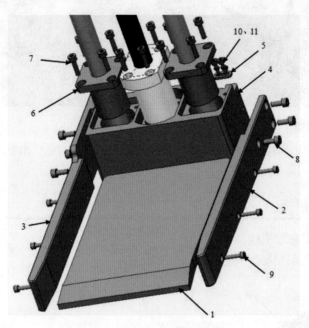

图 5-1-4　堆垛机的托盘结构

1—托板；2—侧板 A；3—侧板 B；4—升降滑块；5—挡片；6—直线轴承；7—M4×14 不锈钢内六角圆柱头螺钉；8—M4×10 不锈钢内六角圆柱头螺钉；9—M3×14 不锈钢内六角圆柱头螺钉；10—M3×10 不锈钢内六角圆柱头螺钉；11—φ3.1mm 不锈钢弹簧垫圈

堆垛机的托盘的组装工序如下：

① 将直线轴承 6 装到导杆上后与升降滑块 4 安装固定。

② 将左、右侧板(即侧板 A2、侧板 B3)与托板 1 安装好后，再整体安装到升降滑块 4 对应处。

③ 最后把挡片 5 安装到升降滑块 4 上端对应孔处，此处螺钉不打紧，待凹槽型光电传感器安装后在打紧此处螺钉。

3. 堆垛机的气动机构

堆垛机的气动结构如图 5-1-5 所示。

堆垛机的气动机构组装工序如下：

① 将真空吸盘 8 固定在吸盘安装件 2 上后整体装到挡板 1 上。

② 将双轴气缸 7 与挡板 1 固定在侧板 B 上。

③ 将微动开关 5、凹槽型光电传感器 6 安装在线槽 3 上。

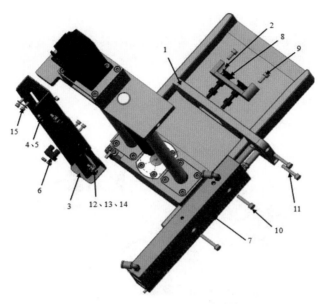

图 5-1-5 堆垛机的气动结构

1—挡板；2—吸盘安装件；3—线槽；4—微动开关安装板；5—微动开关；6—凹槽型光电传感器；7—双轴气缸；8—真空吸盘；
9—M4×10 不锈钢内六角圆柱头螺钉；10—M4×20 不锈钢内六角圆柱头螺钉；11—M4×10 不锈钢内六角圆柱头螺钉；
12—M3×8 不锈钢内六角圆柱头螺钉；13—ϕ3.11mm 不锈钢弹簧垫圈；14—M3 不锈钢 I 型六角螺母；
15—M3×10 不锈钢内六角圆柱头螺钉

4. 堆垛机的水平移动机构

堆垛机的水平移动机构如图 5-1-6 所示。

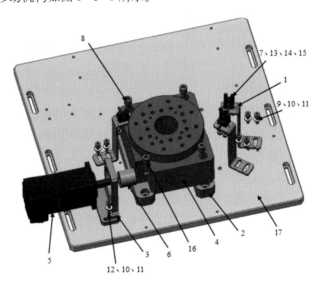

图 5-1-6 堆垛机的水平移动机构

1—底部传感器安装件；2—转盘垫块；3—电动机底座；4—精密电控旋转台；5—伺服电动机；6—单模片联轴器；7—凹槽
型光电传感器；8—M6×25 不锈钢内六角圆柱头螺钉；9—M4×10 不锈钢内六角圆柱头螺钉；10—4.3×8×0.5mm 不锈钢
平垫软圈；11—ϕ4.1mm 不锈钢弹簧垫圈；12—M4×14 不锈钢内六角圆柱头螺钉；13—M3×10 不锈钢内六角圆柱头螺钉；
14—3.2×7×0.5mm 不锈钢平垫软圈；15—M3 不锈钢 T 型六角螺钉；16—M6×14 不锈钢内六角圆柱头螺钉；17—安装底板

堆垛机的水平移动机构组装工序如下：

① 将转盘垫块 2 固定在底板上，再把精密电控制旋转台 4 固定在其上。

② 将单模片联轴器一端与精密电控旋转台 4 固定，另一端与伺服电动机 5 连接固定。

③ 凹槽型光电传感器 7 安装在底部传感器安装件 1 上后，再固定到底板对应孔处。

5. 堆垛机的转盘机构

堆垛机的转盘结构如图 5-1-7 所示。

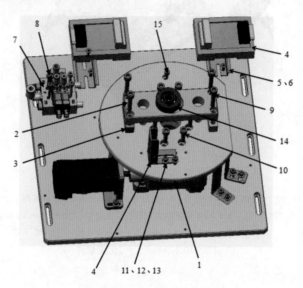

图 5-1-7　堆垛机的转盘结构

1—转盘；2—轴承底座；3—转盘垫块；4—精密电控旋转台；5—线路板安装导轨；6—15 针端子板；7—二位电磁阀组件；
8—M4×25 不锈钢内六角圆柱头螺钉；9—M4×30 不锈钢内六角圆柱头螺钉；10—M4×20 不锈钢内六角圆柱头螺钉；
11—M4×10 不锈钢内六角圆柱头螺钉；12— 4.3×8×0.5mm 不锈钢平垫软圈；13—ϕ 4.1mm 不锈钢弹簧垫圈；
14—深沟轴承；15—触发销

堆垛机的转盘机构组装工序如下：

① 将转盘 1 固定在精密电控旋转台 4 上后，再把轴承底座 2、转盘垫块 3 等安装在转盘 1 上。

② 将二位电磁阀组件 7、15 针端子板 6 安装在底板对应的孔处。

6. 堆垛机的升降及回转机构总成

堆垛机的升降及回转机构总成如图 5-1-8 所示。

堆垛机的升降及回转机构总成组装工序如下：

① 将升降总成 1 与回转总成 2 中对应孔配合好后，用螺钉将线槽与转盘固定好。

② 将拖链 3 一端与线槽端部固定，另一端安装在侧板 B 上。

③ 安装完成后，将所有的管、线插好，并分类扎好。

④ 升降总成 1 中气缸上的通信线及气管要放置在拖链 3。

⑤ 管、线转弯处要留足余量，但不能过松或过紧。

7. 堆垛机的护罩机构

堆垛机的护罩结构如图 5-1-9 所示。

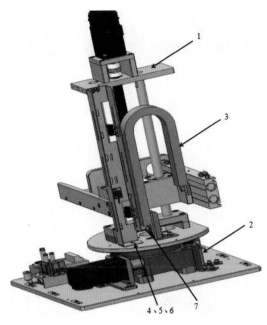

图 5-1-8　堆垛机的升降及回转机构总成

1—升降总成；2—回转总成；3—拖链；4—M4×8 不锈钢十字槽盘头螺钉；5—4.3×8×0.5mm 不锈钢平垫软圈；
6—φ4.1mm 不锈钢弹簧垫圈；7—M4×10 不锈钢内六角圆柱头螺钉

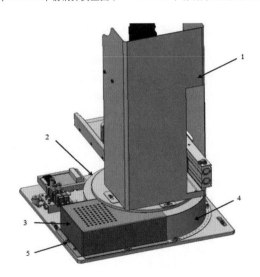

图 5-1-9　堆垛机的护罩结构

1—外壳；2—180°罩；3—电动机罩；4—90°罩；5—十字槽盘头带介螺钉

堆垛机的护罩机构组装工序如下：

① 按图 5-1-9 所示将外壳 1、电动机罩 3、180°罩 2、90°罩 4 安装在相应位置。

② 气管及通信线从 180°罩过线口引出，电动机线从电动机罩 3 过线口引出。

三、触摸屏的组装

触摸屏部件组成及组装过程如图 5-1-10 所示。

图 5-1-10　触摸屏部件组成

四、整体安装和调整

整体安装完成图如图 5-1-11 所示。

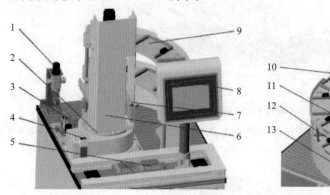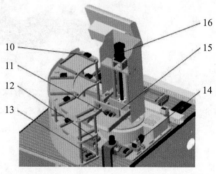

图 5-1-11　整体安装效果图

1—气源二联件；2—垛机旋转机构；3—垛机模块端子板 1；4—压力开关；5—37 针端子板；6—堆垛机构；7—垛机拾取气缸；
8—触摸屏；9—智能仓储机构；10—仓储检测传感器；11—垛机拾取吸盘；12—垛机模块端子板 2；13—仓储模块端子板；
14—拾取吸盘、拾取气缸电磁阀组；15—垛机拾取机构；16—伺服电动机

整体的组装工序如下：

① 将堆剁机构 6 安装在台面上。

② 智能仓储机构 9 安装与台面上。

③ 将 37 针端子板 5，电动机正反转线路板等电气元件安装在线槽框内。

④ 安装拾取吸盘、拾取气缸电磁阀组 14，安装垛机模块端子板 3、12、仓储模块端子板 13，安装压力开关 4。

⑤ 将气源二联件 1 安装在桌面后侧左端。

⑥ 将触摸屏固定在台面右前方位置处。

▶任务二　电路与气路的连接和操作

一、电路连接

1. 电气接线图

此单元中涉及的电气接线主要包括主供电回路、开关电源、继电保护和控制、PLC、伺服系统以及接线端子排，接线图如图 5-2-1 所示。物料存储单元的模型接线图如图 5-2-2 所示。

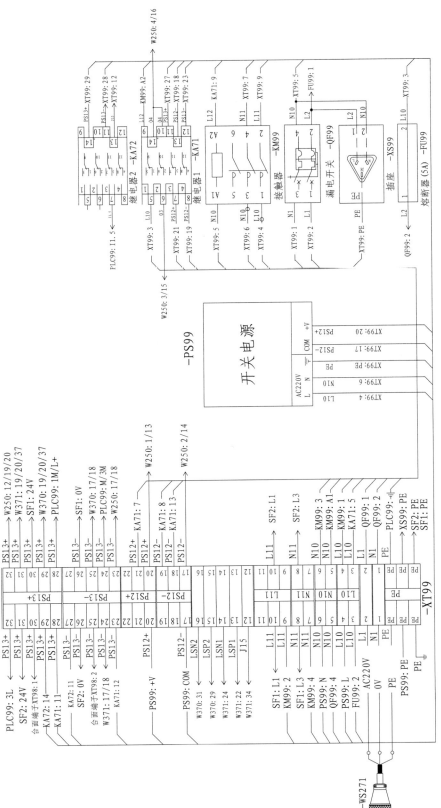

图 5-2-1　物料存储单元的挂板接线图

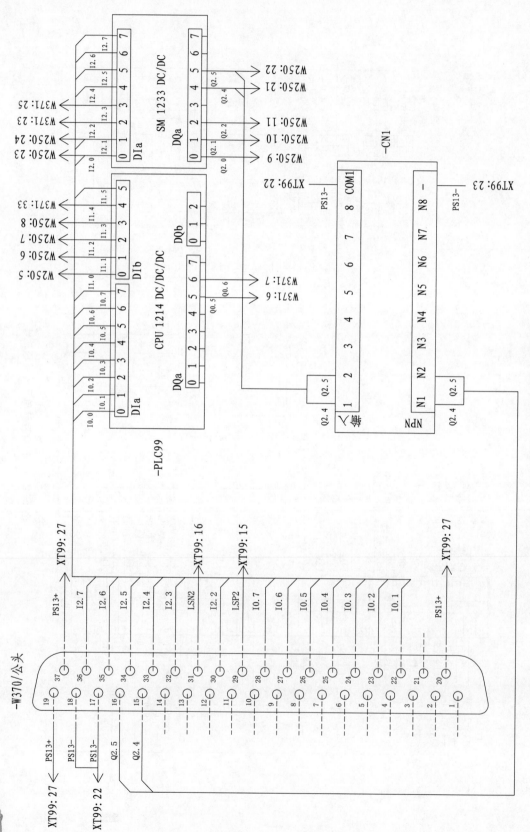

图 5-2-1　物料存储单元的挂板接线图（续）

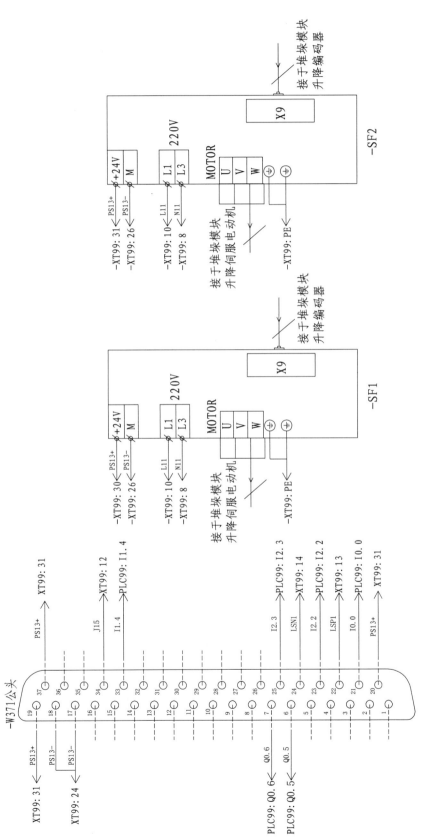

图 5-2-1 物料存储单元的挂板接线图（续）

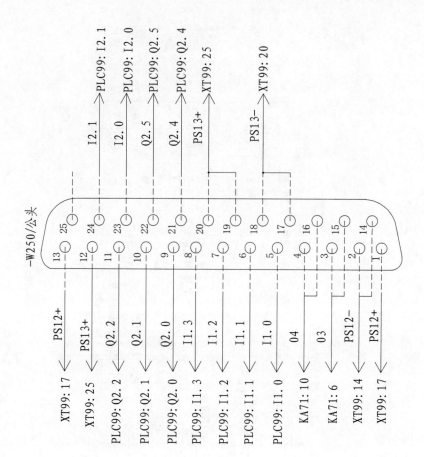

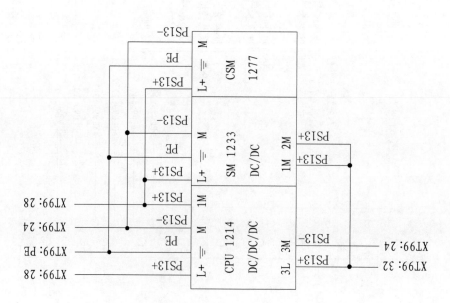

图 5-2-1 物料存储单元的挂板接线图（续）

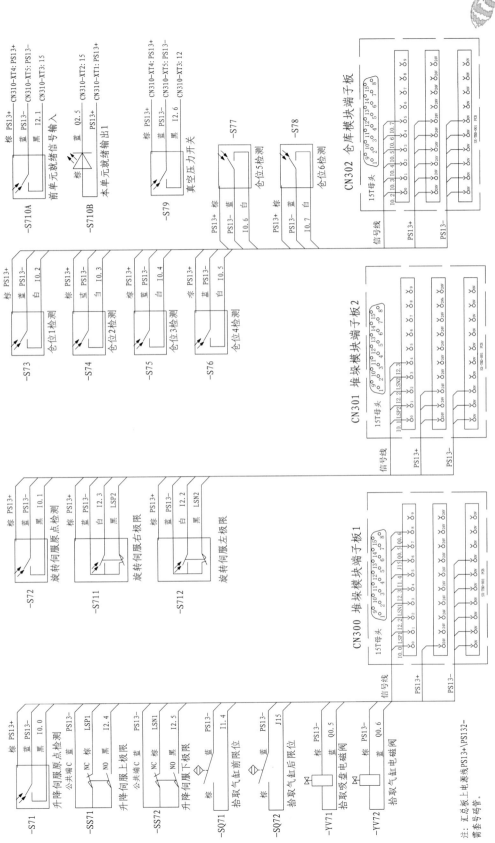

图 5-2-2 物料存储单元的模型接线图

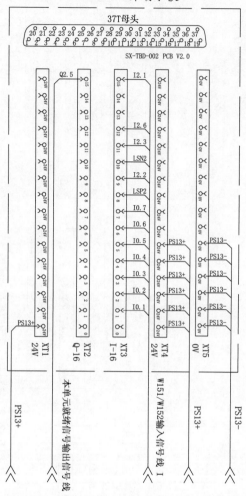

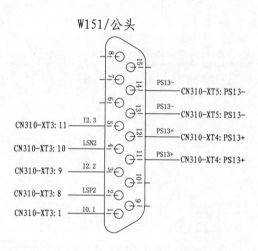

W151/公头

CN310-XT3: 11   I2.3   PS13-   CN310-XT5: PS13-
CN310-XT3: 10   LSN2   PS13-   CN310-XT5: PS13-
CN310-XT3: 9   I2.2   PS13+   CN310-XT4: PS13+
CN310-XT3: 8   LSP2   PS13+   CN310-XT4: PS13+
CN310-XT3: 1   I0.1

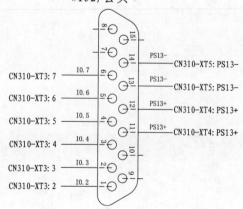

W152/公头

CN310-XT3: 7   I0.7   PS13-   CN310-XT5: PS13-
CN310-XT3: 6   I0.6   PS13-   CN310-XT5: PS13-
CN310-XT3: 5   I0.5   PS13+   CN310-XT4: PS13+
CN310-XT3: 4   I0.4   PS13+   CN310-XT4: PS13+
CN310-XT3: 3   I0.3
CN310-XT3: 2   I0.2

注:
W151对接堆垛机模块CN301端子板,W152对接仓库模块
CN302端子板。

图 5-2-2 物料存储单元的模型接线图(续)

机电一体化设备安装与调试

130

W150/公头

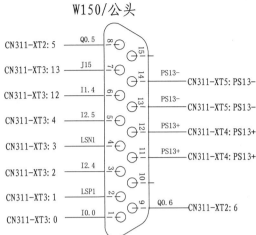

CN311-XT2: 5	Q0.5	8		15		
CN311-XT3: 13	J15	7		14	PS13-	CN311-XT5: PS13-
CN311-XT3: 12	I1.4	6		13	PS13-	CN311-XT5: PS13-
CN311-XT3: 4	I2.5	5		12	PS13+	CN311-XT4: PS13+
CN311-XT3: 3	LSN1	4		11	PS13+	CN311-XT4: PS13+
CN311-XT3: 2	I2.4	3		10		
CN311-XT3: 1	LSP1	2		9	Q0.6	CN311-XT2: 6
CN311-XT3: 0	I0.0	1				

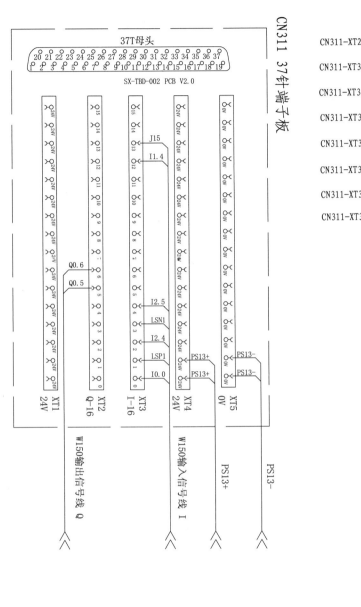

CN311 37针端子板

37T母头

20 21 22 23 24 25 26 27 28 29 30 31 32 33 34 35 36 37
2 3 4 5 6 7 8 9 10 11 12 13 14 15 16 17 18 19

SX-TBD-002 PCB V2.0

XT1 24V
XT2 Q-16
XT3 I-16
XT4 24V
XT5 0V

W150输出信号线 Q

W150输入信号线 I

PS13+

PS13-

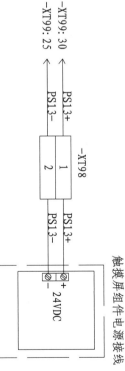

-XT99: 30
-XT99: 25

PS13+
PS13-

-XT98
1
2

PS13+
PS13-

触摸屏组件电源接线

+ 24VDC -

图 5-2-2 物料存储单元的模型接线图（续）

2．电磁阀的接线

（1）根据电路图接线，把电磁阀线端插入电磁阀接口，把另一端线 PS13- 接到桌面接口线路板。

（2）把 Q0.6 接到桌面接口线路板。

（3）根据电路图把 Q0.6 接到 PLC 端子。

（4）接线完成。

3．磁性开关的接线

（1）找到磁性开关线端，根据电路图接线。

（2）连接 PS13－到桌面接口线路板。

（3）根据电路图连接 I1.4 到桌面接口线路板。

（4）根据电路图连接 I1.4 到 PLC 端子。

（5）接线完成。

4．光电开关的接线

（1）找到光电开关线端，根据电路图接线。

（2）连接 PS13＋到桌面接口线路板。

（3）连接 PS13—到桌面接口线路板。

（4）根据电路图连接 I0.0 到桌面接口线路板。

（5）根据电路图连接 I0.0 到 PLC 端子。

（6）接线完成。

5．伺服驱动与伺服电动机的连接

根据电路图连接伺服驱动电动机线，连接伺服驱动电源线，连接电动机线。

二、气路连接

1．气路连接图

此单元中有为整个系统提供气源的主气泵，通过气管将气压转递给其他需要气源的单元中，气路的开断通过电磁阀控制实现，气路连接图如图 5-2-3 所示。

2．二联件安装并与电磁阀连接

安装二联件，根据气路图连接二联件气管，根据气路图连接电磁阀气管，其他二联件接法相同，请参照气路图连接。

3．电磁阀与气缸的连接

电磁阀与气缸之间的连接通过气管实现。

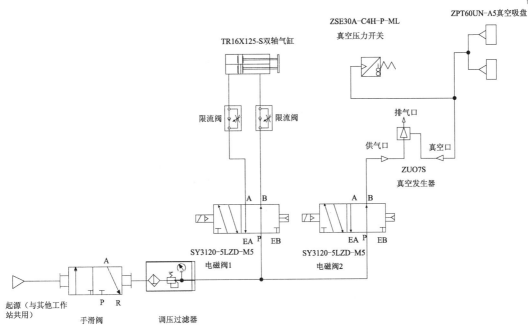

图 5-2-3　气路连接图

▶ 任务三　程序编写与调试

一、PLC 原理示意图

　　PLC 的输入、输出端口所实现的功能如图 5-3-1 所示。由于所需控制端口较多，因此需增加输入 / 输出扩展模块。采用的 PLC 型号为西门子 CPU 1214C DC/DC/DC，同时扩展了 SM1 233 DI8/DQ8 模块。

二、程序流程图

　　此单元的控制功能需实现伺服控制、与其他单元的通信、物料拾取以及物料入仓等功能。其主程序、复位程序块 FB3 及停止程序块 FB2 流程图如图 5-3-2 所示。所示，启动程序块 FB1 流程图如图 5-3-3 所示。运行指示块 FB4、伺服控制块 FB5 及通信程序块 FB6 流程图如图 5-3-4 所示。

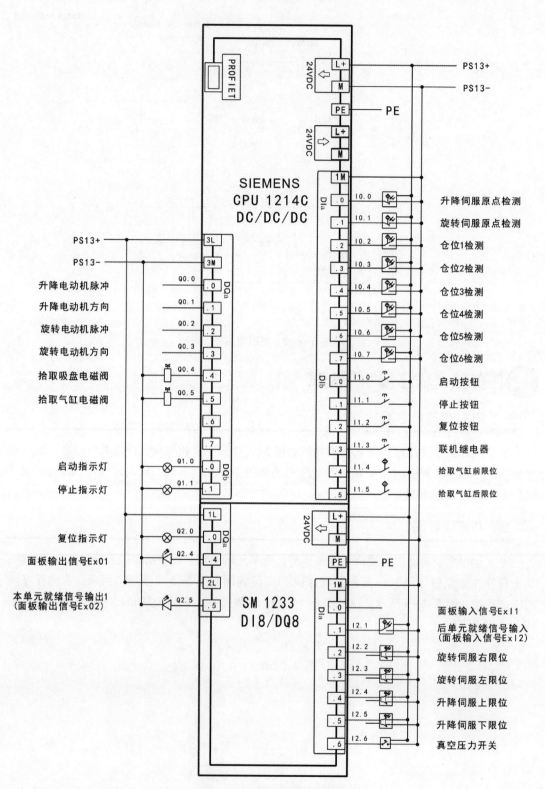

图 5-3-1　PLC 原理示意图

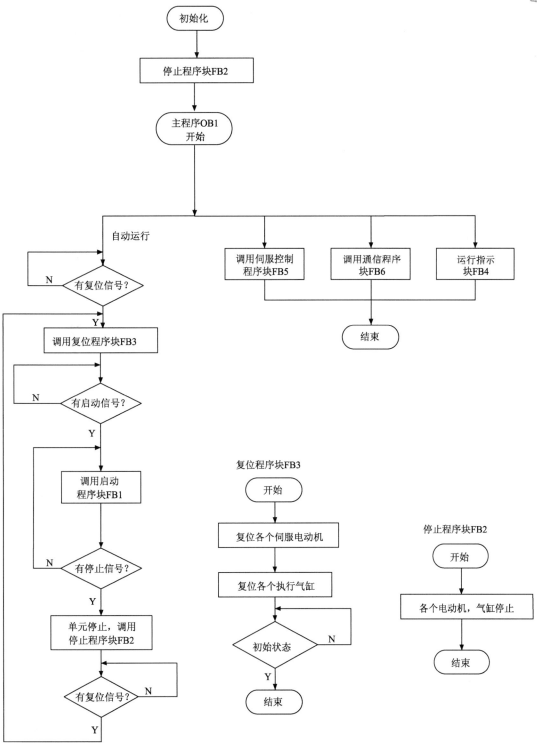

图 5-3-2　主程序、复位程序及停止程序流程图

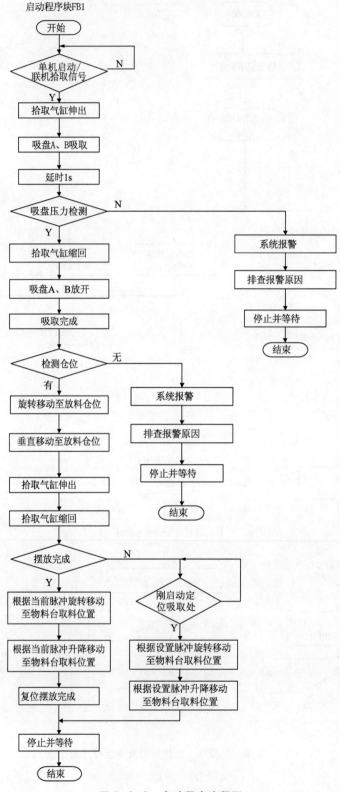

图 5-3-3　启动程序流程图

运行指示程序块FB4

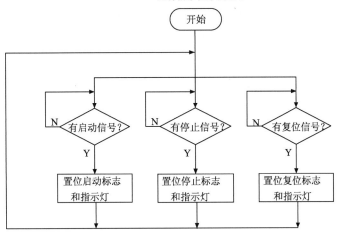

伺服控制程序块FB5

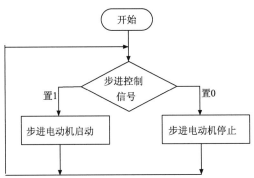

通信程序块FB6

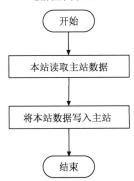

图5-3-4 运行指示程序、伺服控制及通信程序流程图

三、I/O功能分配表

根据物料存储单元的功能需求，将PLC的I/O端口分配如表5-3-1所示。

表5-3-1 I/O功能分配表

序号	I/O 地址	功能描述	序号	I/O 地址	功能描述
1	I0.0	升降伺服原点传感器感应到位	17	I2.2	旋转伺服右极限感应到位
2	I0.1	旋转伺服原点传感器感应到位	18	I2.3	旋转伺服左极限感应到位
3	I0.2	仓位1检测传感器感应到物料	19	I2.4	升降伺服上极限感应到位
4	I0.3	仓位2检测传感器感应到物料	20	I2.5	升降伺服下极限感应到位
5	I0.4	仓位3检测传感器感应到物料	21	I2.6	真空压力开关输出
6	I0.5	仓位4检测传感器感应到物料	22	Q0.5	吸盘电磁阀启动
7	I0.6	仓位5检测传感器感应到物料	23	Q0.6	气缸电磁阀启动
8	I0.7	仓位6检测传感器感应到物料	24	Q2.0	启动指示灯
9	I1.0	启动按钮	25	Q2.1	停止指示灯
10	I1.1	停止按钮	26	Q2.2	复位指示灯
11	I1.2	复位按钮	27	Q2.4	面板输出信号 ExO1
12	I1.3	联机按钮	28	Q2.5	面板输出信号 ExO2
13	I1.4	气缸前限感应到位			
14	I1.5	气缸后限感应到位			
15	I2.0	面板输入信号 ExI1			
16	I2.1	面板输入信号 ExI2			

四、接口板端子分配表

桌面接口板端子的分配如表5-3-2所示，表中包括接口板CN310和CN311的地址与其对应的线号和功能描述。

表5-3-2 桌面接口板 CN310/CN311（37针接口板）端子分配表

接口板 CN310 地址	线号	功能描述	接口板 CN311 地址	线号	功能描述
XT3-1	I0.1	旋转伺服原点传感器	XT3-0	I0.0	升降伺服原点传感器
XT3-2	I0.2	仓位1检测传感器	XT3-1	LSP1	升降伺服上极限（常闭）
XT3-3	I0.3	仓位2检测传感器	XT3-2	I2.4	升降伺服上极限（常开）
XT3-4	I0.4	仓位3检测传感器	XT3-3	LSN1	升降伺服下极限（常闭）
XT3-5	I0.5	仓位4检测传感器	XT3-4	I2.5	升降伺服下极限（常开）
XT3-6	I0.6	仓位5检测传感器	XT3-12	I1.4	拾取气缸前限
XT3-7	I0.7	仓位6检测传感器	XT3-13	J1.5	拾取气缸后限
XT3-8	LSP2	旋转伺服右位（常闭）	XT2-5	Q0.5	拾取吸盘电磁阀
XT3-9	I2.2	旋转伺服右限位（常开）	XT2-6	Q0.6	拾取气缸电磁阀
XT3-10	LSN2	旋转伺服左位（常闭）	XT1\XT4	PS13+(+24V)	24V 电源正极
XT3-11	I2.3	旋转伺服左位（常开）	XT5	PS13-(0V)	24V 电源负极
XT3-12	I2.6	真空压力开关			
XT2-15	Q2.5	本单元就绪信号输出1			
XT1\XT4	PS13+(+24V)	24V 电源正极			
XT5	PS13-(0V)	24V 电源负极			

五、程序设计

编写停止、复位、启动 PLC 程序，首先参考 PLC 原理示意图如图 5-3-1 所示，根据控制要求绘制流程图，然后编写 PLC 程序，示例程序如图 5-3-5、图 5-3-6 所示。

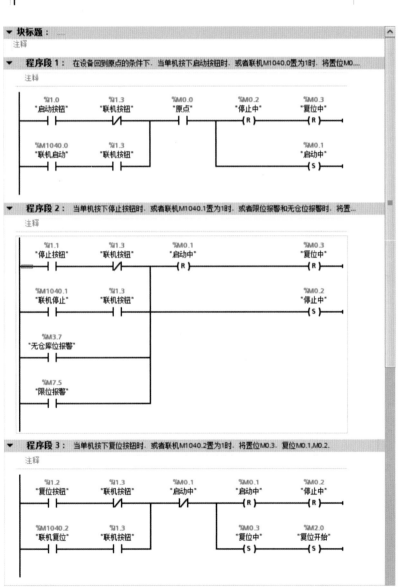

图 5-3-5　运行程序示例

程序段 4: 当M0.1被置位为1时，启动指示灯亮。

注释

```
    %M0.1                                              %Q2.0
   "启动中"                                           "启动指示灯"
  ─┤ ├─────────────────────────────────────────────( )─
```

程序段 5: 当M0.2被置位为1时，停止指示灯亮。

注释

```
    %M0.2                                              %Q2.1
   "停止中"                                           "停止指示灯"
  ─┤ ├─────────────────────────────────────────────( )─
```

程序段 6: 当M0.3被置位为1，设备回到原点时，复位指示灯常亮,设备没有回到原点时，复位指示灯闪...

注释

```
    %M0.3          %M0.0                               %Q2.2
   "复位中"        "原点"                            "复位指示灯"
  ─┤ ├───────┬──┤ ├──┬───────────────────────────( )─
             │         │
             │  %M0.0     %M100.5
             │ "原点"    "Clock_1Hz"
             └──┤/├────┤ ├┘
```

图 5-3-5　运行程序示例（续）

▼ **块标题:** 连机手动调试伺服电动机

注释

▼ **程序段 1:** 当M20.5和M20.0的状态为1时，升降轴将使能启动

注释

```
                                        %DB15
                                     "MC_Power_DB_2"

                                      MC_Power
                                                        🔲 🔧
                          ─── EN                      ENO ───
                %DB1
              "升降轴" ─── Axis                    Status ─┤ ...
    %M20.5        %M20.0                             Error ─┤ ...
 "手动控制升降电动  "升降电动机使能（
    机"            手动）"
  ─┤ ├────────────┤ ├──────────── Enable
                                 1 ─── StartMode
                                 0 ─── StopMode      ▼
```

图 5-3-6　联机手动触摸屏调试伺服电动机 PLC 程序

程序段2：以点动方式控制升降轴.MW30里的数值为电动机转速.当M20.1置1时电动机正转.当N20.2置1时电动机将反转

注释

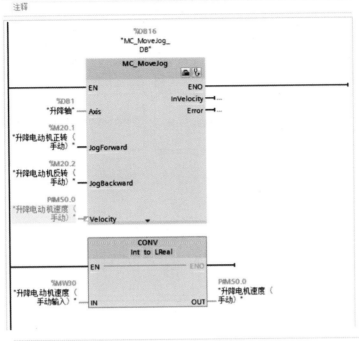

程序段3：当M20.0置0时,将停止升降轴.M20.4置1时,升降收将故障复位

注释

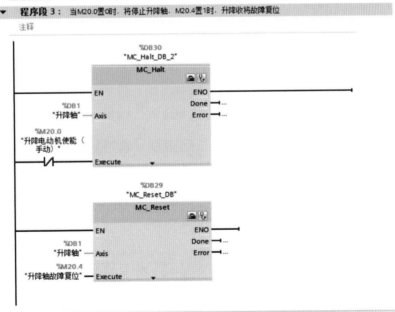

图5-3-6　联机手动触摸屏调试伺服电动机PLC程序（续）

六、触摸屏组态画面设计

触摸屏简单使用操作参考附录二，该部分主要对触摸屏各个主画面功能进行展示。

1. 主画面设计

主画面设计如图5-3-7所示。

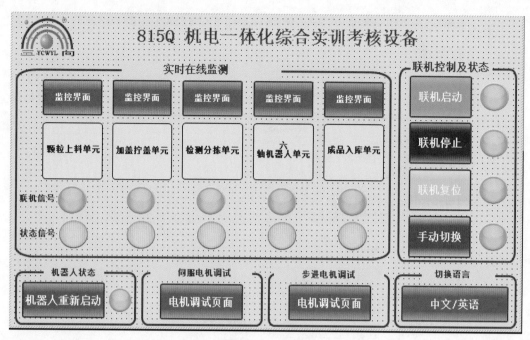

图 5-3-7 主画面

2. 颗粒上料单元子画面

颗粒上料单元子画面设计如图 5-3-8 所示。

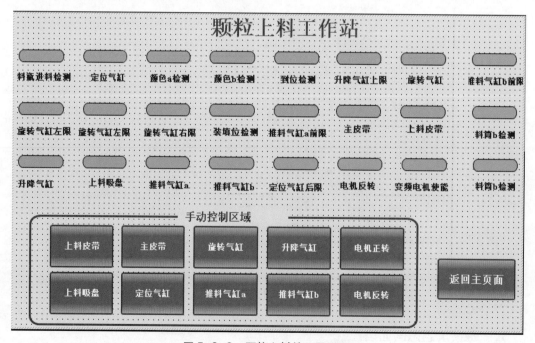

图 5-3-8 颗粒上料单元子画面

3. 加盖拧盖单元子画面

加盖拧盖单元子画面设计如图 5-3-9 所示。

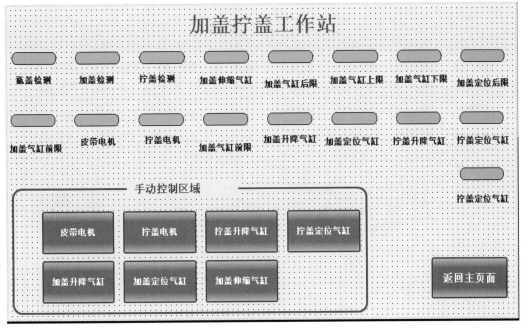

图 5-3-9　加盖拧盖单元子画面

4. 检测分拣单元子画面

检测分拣单元子画面设计如图 5-3-10 所示。

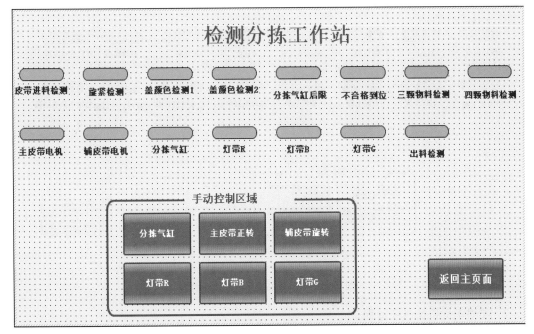

图 5-3-10　检测分拣单元子画面

5. 六轴机器人单元子画面

六轴机器人单元子画面设计如图 5-3-11 所示。

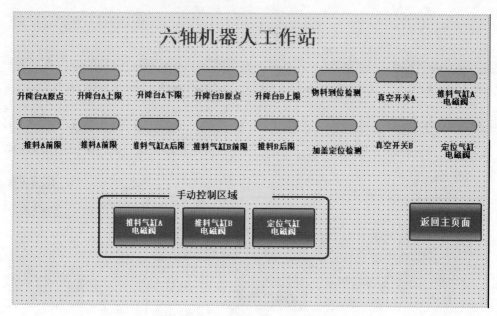

图5-3-11　六轴机器人单元子画面

6. 成品入库单元子画面

成品入库单元子画面设计如图 5-3-12 所示。

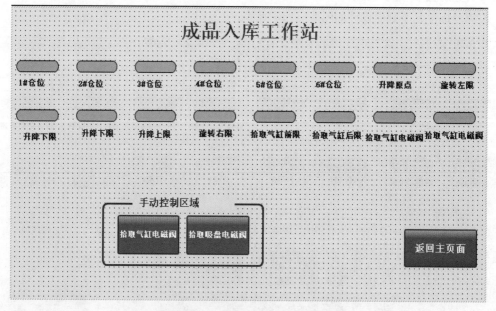

图 5-3-12　成品入库单元子画面

7. 步进电动机调试子画面

步进电动机调试子画面设计如图 5-3-13 所示。

8. 伺服电动机调试子画面

伺服电动机调试子画面设计如图 5-3-14 所示。

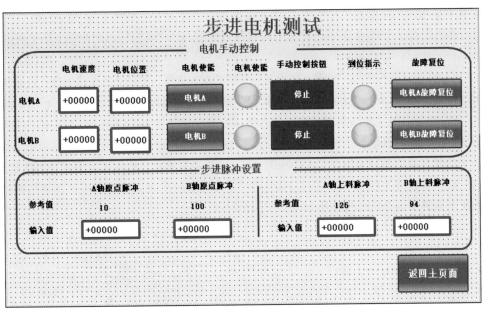

图 5-3-13　步进电动机调试子画面

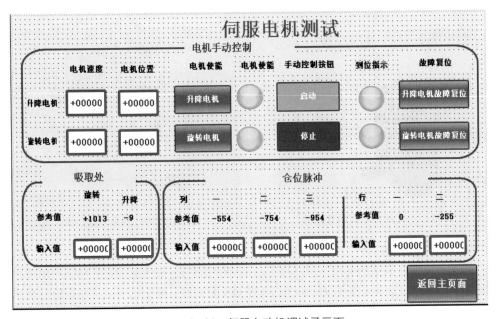

图 5-3-14　伺服电动机调试子画面

七、调试步骤

1. 上电前检查

参照前面几个单元进行上电检查。接通气路，打开气源，手动控制电磁阀，确认各气缸及传感器的初始状态。

2. 传感器部分的调试

① 该单元有 6 个传感器分别安装于仓库各个仓位，通过使用小号一字螺丝刀可以调整传

感器极性和感度，本站要求：极性为 L 强度根据实际情况调节，如图 5-3-15 所示。

② 该单元有 4 个传感器分别安装于两轴原点位置及 X 轴限位，调试方法参考搬运包装单元。

③ 行程开关总共有 2 个，分别安装于 Z 轴行程的极限位置，本站要求：确保原点机械部件在运行到各极限位置时，可以准确无误地压住行程开关，并输出信号。

④ 气动磁性开关调整请参照检测分拣单元磁性开关调整的相关部分。

3. 数字流量开关调试

数字流量开关的型号采用 PF2A710-01-27，通过设置参数，选择设定模式及方法。

（1）数字流量开关面板

数字流量开关各个部分及作用如图 5-3-16 所示。

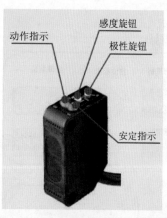

图 5-3-15　光电开关调节示意图

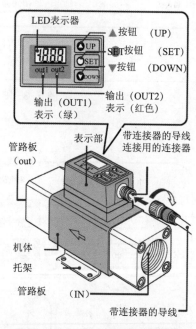

图 5-3-16　数字流量开关示意图

面板各部分的说明如下：

① 输出（OUT1）表示（绿）：输出 OUT1 在 ON 时亮灯。发生电流过大错误时闪烁。

② 输出（OUT2）表示（红）：输出 OUT2 在 ON 时亮灯。发生电流过大错误时闪烁。

③ LED 表示器：表示流量值、设定模式状态、选择的表示单位、错误代码。

④ ▲按钮（UP）：选择模式并增加 ON/OFF 的设定值。

⑤ ▼按钮（DOWN）：选择模式并减少 ON/OFF 的设定值。

⑥ SET 按钮：变更各模式及确定设定值时使用。

⑦ 复位：如果同时按压▲按钮及▼按钮，复位功能启动。在清除发生异常的数据时使用。

（2）数字流量开关安装方法

数字流量开关安装方法如下：

① 开关的管路连接，使用接头进行连接。

② 安装管路时，严格遵守紧固扭矩进行安装。适用紧固扭矩参照表 5-3-3 所示。

③ 安装开关的管路时，用扳钳卡在管路部分一体的金属部分上，扳钳安装如图 5-3-17 所示。

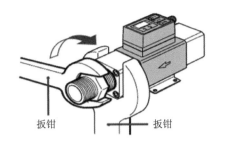

扳钳　　　　　扳钳

图 5-3-17 数字流量安装示意图

表 5-3-3　管路紧固扭矩

螺钉型号	适用紧固扭矩 /（N·m）
Rc1/8	7 ~ 9
Rc1/4	12 ~ 14
Rc3/8	22 ~ 24
Rc1/2	28 ~ 30
Rc3/4	28 ~ 30
Rc1	36 ~ 38

④ 安装管路时，勿将密封条混入。

（3）数字流量开关设定表示模式

数字流量开关设定表示模式为累计流量开关：

① 连续按住 SET 按钮 2 s 以上。

② 表中显示变为 $\boxed{d\text{-}\square}$ 后离开 SET 按钮。

③ 按▲按钮，选择表示流量，按 SET 按钮确定，$\boxed{d\text{-}1}$ 为瞬间流量，$\boxed{d\text{-}2}$ 为累计流量。

（4）设定输出方法

① 最初先设定输出 OUT1 的输出方法：按▲按钮，选择瞬间开关、累计开关、累计脉冲中的任何一个，使用 SET 按钮设定。$\boxed{o10}$ 为瞬间开关，$\boxed{o11}$ 为累计开关，$\boxed{o12}$ 为累计脉冲。

② 然后开始设定输出 OUT2 的输出方法：通过▲按钮，与输出 OUT1 同样选择 3 个输出方法中的一个，使用 SET 按钮设定。$\boxed{o20}$ 为瞬间开关，$\boxed{o21}$ 为累计开关，$\boxed{o22}$ 为累计脉冲。

（5）设定输出模式

① 最初进行输出 OUT1 的输出模式的设定，按▲按钮，选择反转输出模式和非反转输出模式中的任何一个，使用 SET 按钮设定。$\boxed{1\text{-}n}$ 为反转输出模式，$\boxed{1\text{-}P}$ 为非反转输出模式。

② 然后通过输出 OUT2 的输出模式的▲按钮，与输出 OUT1 同样选择反转或非反转输出模式中的一个。使用 SET 按钮设定。$\boxed{2\text{-}n}$ 为反转输出模式，$\boxed{2\text{-}P}$ 为非反转输出模式。

（6）累计流量表示功能

① 先按▼按钮，然后按照 SET 按钮的顺序同时按这两个按钮，「－」闪烁后开始累计。

② 累计值经常表示为下位 3 位数，如果想确认上位 3 位数，请按▼按钮。

③ 按▲按钮时，即使在累计中也可以表示瞬间流量。

④ 累计的停止：先按▼按钮，然后按照 SET 按钮的顺序同时按这两个按钮。表示可保持操作时的累计值。

⑤ 通过同时按▲按钮和▼按钮 2 s 以上，可清除累计值的表示。

⑥ 如果希望继续在累计的保持数值继续进行累计时，请再次按▼按钮，然后按照 SET 按钮的顺序同时按这两个按钮。

（7）累计流量设定模式

使用开关设定累计流量。为了使累计流量的表示为下位 3 位数与上位 3 位数切换表示，所以设定也需分别设定为下位 3 位数与上位 3 位数。

① 按 SET 按钮，显示出 $\boxed{F\text{-}1}$ 及 $\boxed{F\text{-}3}$ 后，离开 SET 按钮。显示 $\boxed{F\text{-}3}$ 表示后，进入 3．项。（在初始设定将瞬间开关选择为开关输出的任何一个时，显示 $\boxed{F\text{-}1}$，在其他情况下，则显示 $\boxed{F\text{-}3}$。）

② 在表示 $\boxed{F\text{-}1}$ 时，按▲按钮直至 $\boxed{F\text{-}3}$。由于以后的设定操作与 $\boxed{F\text{-}3}$ 表示后的操作相同，请按照以下顺序设定。

③ 在表示 $\boxed{F\text{-}3}$ 后，按 SET 按钮，显示出输出 OUT1 的累计流量之下位 3 位数。

④ 按▲按钮、▼按钮，使设定值与希望值相符。

⑤ 在按 SET 按钮进行设定的同时，显示出输出 OUT1 的上位 3 位数。

⑥ 按▲按钮、▼按钮，使设定值与希望值相符。

⑦ 在按 SET 按钮进行设定的同时，显示出输出 OUT2 的下位 3 位数。

⑧ 按▲按钮、▼按钮，使设定值与希望值相符。

⑨ 在按 SET 按钮进行设定的同时，显示出输出 OUT2 的上位 3 位数。

⑩ 按▲按钮、▼按钮，使设定值与希望值相符。

⑪ 按 SET 按钮，返回到测量模式。

4. 伺服系统的调试

本站伺服驱动器即 Siemens V90 PN，共两台，分别与升降方向和旋转方向的伺服电动机配套，其参数需通过软件设置修改后才能正常使用。

（1）软件安装图标如图 5-3-18 所示。

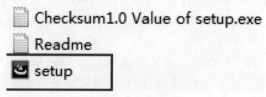

图 5-3-18　软件安装

（2）单击"setup"安装软件，弹出图 5-3-19 所示界面。

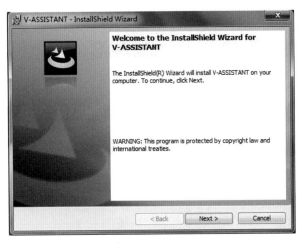

图 5-3-19　安装向导

（3）单击"Next"按钮，弹出图 5-3-20 所示界面。

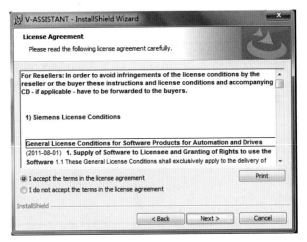

图 5-3-20　安装过程 1

（4）单击"Next"按钮，弹出图 5-3-21 所示界面。

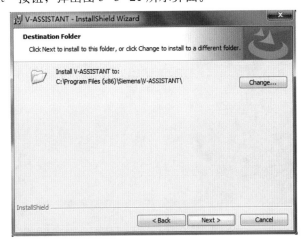

图 5-3-21　安装过程 2

（5）单击"Next"按钮，弹出图 5-3-22 所示界面。

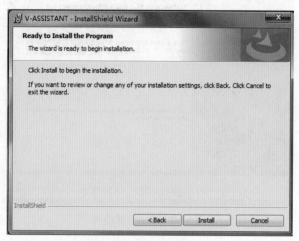

图 5-3-22　安装过程 3

（6）单击"Install"按钮，弹出图 5-3-23 所示界面，说明软件正在安装中。

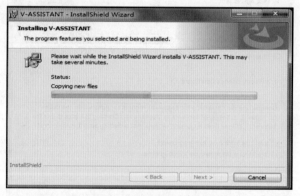

图 5-3-23　安装过程 4

（7）软件安装完成，单击"Finish"按钮，如图 5-3-24 所示。

图 5-3-24　安装完成

（8）单击安装好的图标 ，如图 5-3-25 所示，选择"Online"选项，单击"OK"按钮。

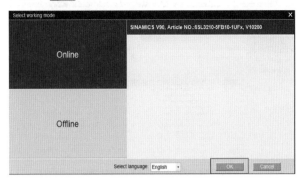

图 5-3-25　设置工作模式

（9）选择"Select drive"选项，单击"Select motor"按钮，如图 5-3-26 所示。

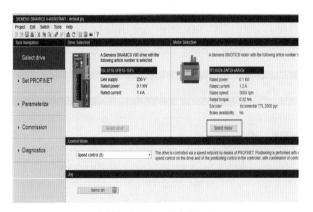

图 5-3-26　设置驱动

（10）选择对应电动机型号，单击"OK"按钮，如图 5-3-27 所示。

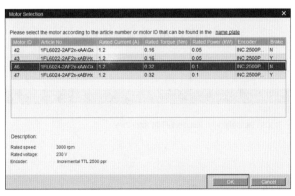

图 5-3-27　电动机选择

（11）选择"Set PROFINET"，再选择"Select telegram"，在"The current telegram"中选择报文，报文选择为"3:Standard telegram 3:PZD-5/9"，选择报文好后单击"OK"按钮，如图 5-3-28 所示。

项目五　物料存储单元

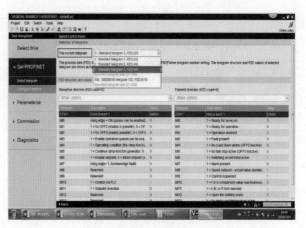

图 5-3-28　设置网络通信

（12）选择"Set PROFINET"，再选择"Configure network"，在"Name of PN sta-tion"中填写"V90-PN-1"，在"IP protocol"中填写与 PLC 对应的 IP，这样才使伺服驱动与 PLC 连接通信，填写好后，单击"Save and active"按钮，如图 5-3-29 所示。

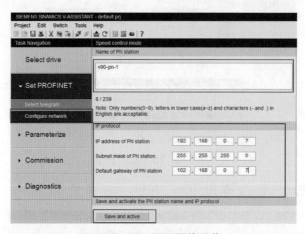

图 5-3-29　配置网络通信

（13）单击"OK"按钮，如图 5-3-30 所示。

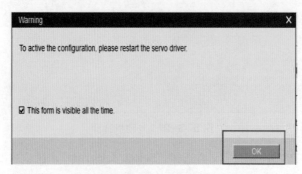

图 5-3-30　设置完成

（14）完成图 5-3-30 所示界面后，单击"Tool"按钮，选择"Restart Drive"，如图 5-3-31 所示。

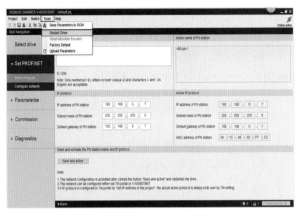

图 5-3-31　重启驱动器

（15）单击"Yes"按钮，如图 5-3-32 所示。

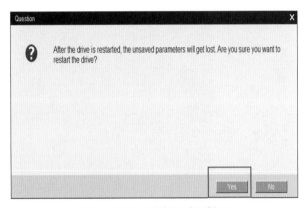

图 5-3-32　重启驱动器提示

（16）单击"OK"按钮，安装设置完成，如图 5-3-33 所示。

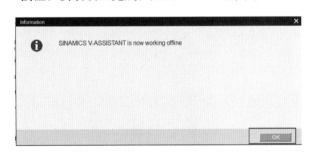

图 5-3-33　驱动器离线

5. 按钮板部分调试

按钮板部分调试参照颗粒上料单元按钮板调试部分进行。

6. 自动流程的调试

（1）开启设备电源，按照伺服说明设置好相关参数，重新启动控制器。

（2）放一物料盒到机器人单元送料台上，按钮板上的旋钮开关拨到"单机"状态，单击"启动"按钮，跺料机运动到托盘对准送料台，气缸伸出，吸盘吸附物料盒后，气缸缩回到位后，跺料机运动到空仓库位，气缸再次伸出把物料盒送入仓位，跺料机回原点一个周期结束。

（3）再次单击"启动"按钮，重复前面的流程。

7. 压力开关调试

压力开关调试参照搬运包装单元中压力开关调试部分。

机电一体化设备安装与调试

附录A

线路板介绍

一、按钮板介绍

（1）按钮板正面、反面的布置如图 A-1 所示。

1. 信号按键贴膜　　2. 电源控制贴膜

按钮板正面

3. 迭插端子线路板　4. 25T面板线路板　5. 信号按键线路板　6. 电源控制线路板

按钮板反面

图 A-1　按钮板正面、反面布置

按钮板组件信号按键贴膜与内部电路图如图 A-2 所示。

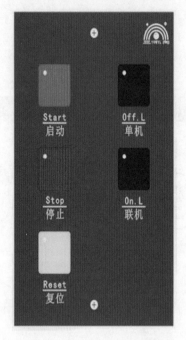
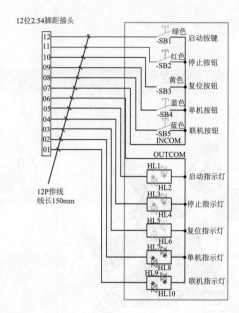

图 A-2　信号按键贴膜与内部电路图

（2）按钮板组件电源控制贴膜与内部电路图如图 A-3 所示。

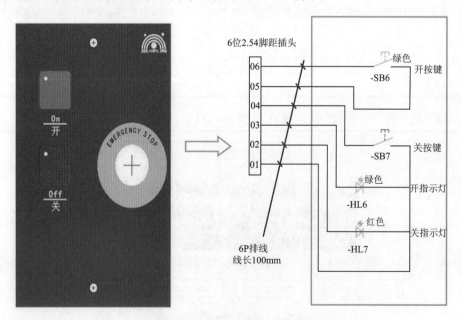

图 A-3　电源控制贴膜与内部电路图

（3）按钮板组件选插端子线路板与内部电路图如图 A-4 所示。

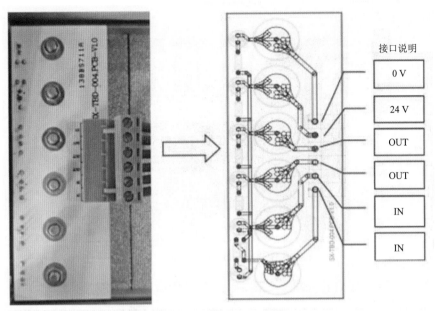

图 A-4　迭插端子线路板与内部电路图

（4）按钮板组件 25T 面板线路板内部电路图如图 A-5 所示。

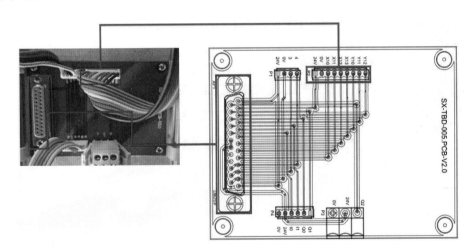

图 A-5　25T 面板线路板内部电路图

二、桌面接口线路板介绍

1. 37 针接线板

（1）该接线板主要作为 PLC 输入输出点与桌面元气件（传感器、电磁阀、电动机）接线的媒介，PLC 将信号点通过线缆连接到接线板上，元气件直接把线接到接线相应的端口上，即可实现与 PLC 通信，接线板如图 A-6 所示。

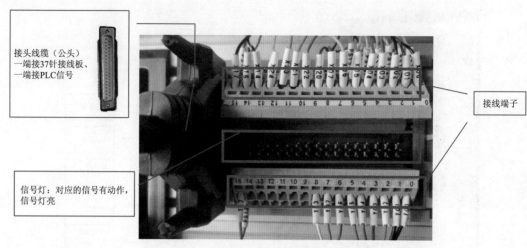

图 A-6　37 针接线板

（2）37 针接线板母头与接线端子关系图如图 A-7 所示。

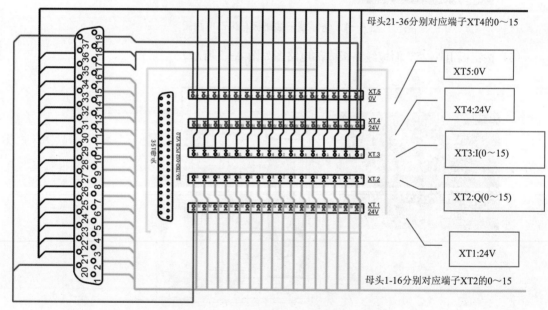

图 A-7　37 针接线板母头与接线端子关系图

2. 15 针接线板

（1）部分元气件通过该接线板与主接线板连接，实现与 PLC 信号点通信，通过中转既方便接线，又能实现元气件的模块化管理，该接线板如图 A-8 所示。

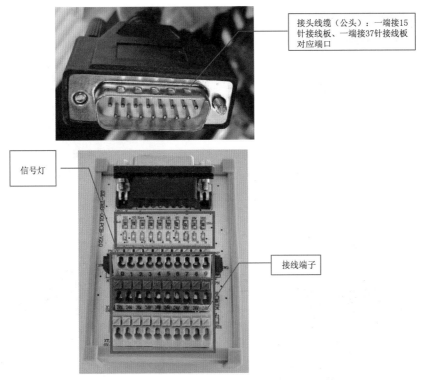

接头线缆（公头）：一端接15针接线板、一端接37针接线板对应端口

信号灯

接线端子

图 A-8　15 针接线板

（2）15 针接线板母头与接线端子关系图如图 A-9 所示。

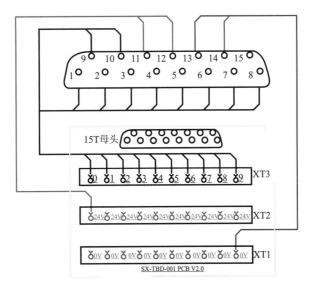

图 A-9　15 针接线板母头与接线端子关系图

（3）PNP 与 NPN 接线板

15 针接线板两边带有 PNP/NPN 转换接头，如图 A-10、图 A-11 所示。若接头如图 A-12 所示，则接线板为低电平有效（NPN）；若接头如图 A-13 所示，则接线板为高电平有效（PNP）。

图 A-10　端子板

图 A-11　PNP 与 NPN 选择

图 A-12　选择 NPN

图 A-13　选择 PNP

3. 37 针接线板与 15 针接线板关系连接图

37 针接线板通过线缆将信号引到接线板上，再经过 15 针接线板将信号引到各个元气件上，桌面线路板连接关系如图 A-14 所示。

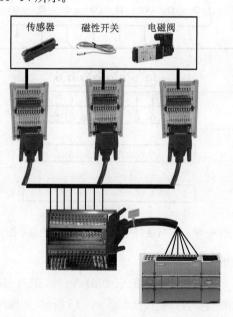

图 A-14　37 针接线板与 15 针接线板关系连接图

三、直流电动机控制板

PLC 将信号接到直流电动机控制板上，从而控制电动机的正反转，图 A-15 所示为控制板的实物图，A-16 所示为控制板的电路原理图，接线端子说明如表 A-1 所示。

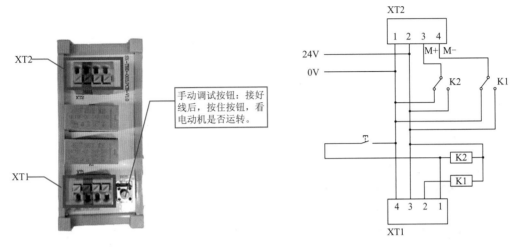

图 A-15　直流电动机控制板实物图

图 A-16　直流电动机控制板电路原理图

表 A-1　接线端子说明

序　号	说　明
XT1-4、XT2-1	24V
XT1-3、XT2-2	0V
XT2-3	M+（直流电动机正极）
XT2-4	M-（直流电动机负极）
XT1-1	接信号线（控制电动机正转）
XT1-2	接信号线（控制电动机反转）

（1）首先打开项目树下的"添加新设备"选项，添加所选型号的 HMI 触摸屏，如图 B-1 所示。

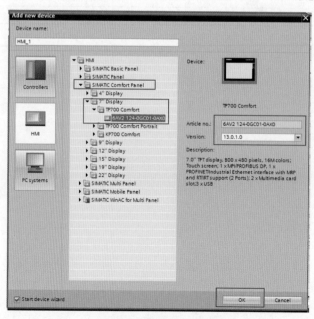

图 B-1　组态设备选择

（2）添加后会弹出 HMI 设备向导，单击"取消"按钮跳过向导，自己进行设置，如图 B-2 所示。

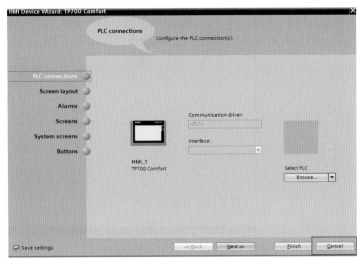

图 B-2　PLC 连接

（3）单击左侧"HMI_1"选项里的设备组态，弹出 HMI 的设备组态界面，如图 B-3 所示。

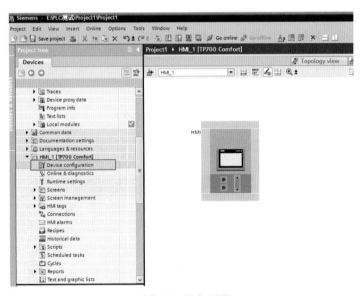

图 B-3　设备配置

（4）双击触摸屏，弹出"属性"对话框，选择"PROFINET 接口"选项，新建一个子网或者选择已经创建的子网，再将 IP 地址和子网掩码设置完成。

（5）单击网络视图，单击 PLC 的以太网口拖动到 HMI 触摸屏的的以太网口上完成网络的组态，如图 B-4 所示。

（6）单击拓补视图，单击 PLC 的以太网口拖动到 HMI 触摸屏的的以太网口上完成拓补视图的组态，如图 B-5 所示。

（7）在左侧项目树内，HMI_1 选项下"画面"里单击"添加新画面"选项，可以添加所需要的画面 x，如图 B-6 所示。

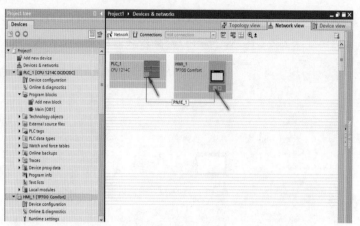

图 B-4　设备与网络 1

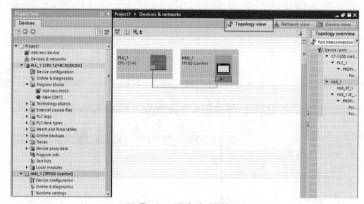

图 B-5　设备与网络 2

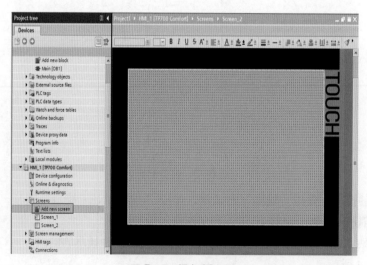

图 B-6　添加新画面

（8）单击 HMI 变量选项下的"显示所有变量"选项，可以查看和添加变量，如图 B-7 所示。

（9）可以将 PLC 变量表里的变量直接复制到 HMI 变量表里，完成 PLC 和 HMI 的数据通信，如图 B-8 所示。

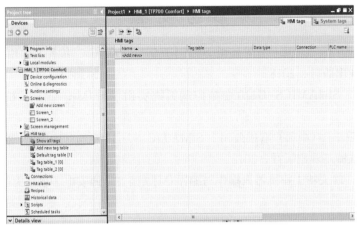

图 B-7　添加变量 1

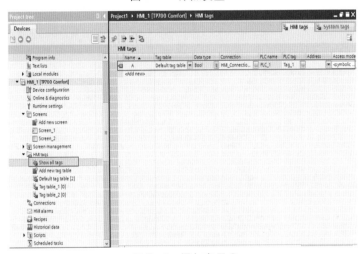

图 B-8　添加变量 2

（10）HMI 画面的制作，根据需要在软件右边窗口的工具栏选择并拖动所需的对象等进行绘制，如图 B-9 所示。

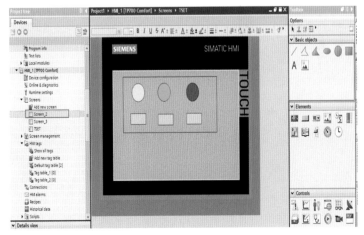

图 B-9　添加元件

参 考 文 献

[1] 段礼才,西门子（中国）有限公司 . 西门子 S7-1200 PLC 编程及使用指南 [M]. 北京：机械工业出版社，2018.

[2] 张忠权 . SINAMICS G120 变频控制系统实用手册 [M]. 北京：机械工业出版社，2016.

[3] 崔坚,西门子（中国）有限公司 . SIMATIC S7-1500 与 TIA 博途软件使用指南 [M]. 北京：机械工业出版社，2012.

[4] 安宗权 . 埃夫特工业机器人操作与编程 [M]. 西安：西安电子科技大学出版社，2018.